KB107985

그래서 코딩이 뭔가요?

First Time Coders

저자 | 미셸 선 **역자** | 타임북스 편집부

타임북스
T·IME BOOKS

First Time Coders

머리말

　지난 10년 간, 아이들을 위한 컴퓨터 교육에 대한 관심은 폭발적으로 증가했습니다. 오늘날 아이들에게 프로그래밍, 코딩, 그리고 컴퓨터 활용 능력은 학교 안팎에서 필수 능력이 되었습니다. 하루가 멀다하고 새로운 교육용 장난감과 도구가 쏟아져 나오는 이런 상황에서 부모들은 어떤 것을 선택해야 할지 몰라 막막함을 느낄 수 있습니다. 부모뿐만이 아닙니다. 교사들과 교육 과정 기획자, 교육 정책 담당자와 전문가들 역시 현장의 요구와 선택 사이에서 고민하고 있습니다. 메사추세츠 공과대학에서 50년간 어린이들과 함께 컴퓨터와 관련된 일을 하고 있지만, 저 자신도 이 변화를 따라가는 것이 쉽지 않습니다.

　이 책은 수많은 정보들 앞에서 갈팡질팡하는 부모들에게 저자 미셸 선이 주는 안내서입니다. 여타 어린이 컴퓨터 교육 서적과는 다르게, 이 책은 자신의 아이들에게 어떻게 컴퓨터의 세계를 소개할 것인지 고민하는 부모를 위한 책입니다. 이 책은 하나의 장난감이나 프로그래밍 언어에 대한 소개뿐만 아니라, 가장 널리 사용되는 교육 방법을 조사하고 각 방법의 장단점을 비교하여 부모들이 필요한 방법을 선택할 수 있도록 합니다. 또한 저자는 "프로그래밍은 어떻게 하나요?", "프로그래밍 언어의 종류는 왜이리 많은가요?"와 같은 일반적 질문에 대한 답을 제시합니다.

　이 책은 4~5세부터 12세, 그리고 그 이상의 연령대별로 적합한 교육용 도구를 소개합니다. 그리고 각 도구에 대한 활동 예제와 설명이 함께 있어 부모들이 아이들이 이 도구를 활용했을 때 배울 수 있는 이점을 쉽게 알 수 있다는 장점이 있습니다.

이 책에 수록된 프로젝트들은 저자가 아이들에게 컴퓨터를 가르치면서 얻은 경험에서 비롯된 것들입니다. 저자는 1만 명 이상의 학생을 대상으로 온라인과 오프라인에서 다양한 수업을 제공하는 아시아 태평양 지역에서 가장 큰 초중고등 코딩 교육 기관, 퍼스트 코드 아카데미First Code Academy의 설립자이자 CEO입니다. 2015년 그녀는 BBC가 선정한 "30세 미만의 여성 기업가 30인"에 선정되었고, 2016년에는 포브스지가 선정한 "30세 미만 아시아 기업가 30인"에 선정되기도 했습니다.

저와 저자와의 인연은 구글Google과 MIT가 청소년들이 스마트폰과 태블릿용 모바일 어플리케이션을 개발할 수 있도록 돕는 MIT 앱 인벤터App Inventor 프로젝트에서 시작되었습니다. 앱 인벤터는 이 책에서 다루는 제작 도구 중 하나입니다. 또한 저자는 모바일 컴퓨팅을 가르치는 전문 교사 양성 기관인 MIT 모바일 컴퓨팅 마스터 트레이너 프로그램의 강사이기도 합니다.

이 책은 코딩 교육을 고민하고 이해하기 위한 부모를 위한 책입니다. 또한, 수업에 적절한 도구를 찾고 있는 교사나, 교육과정을 만드려는 정책 결정자를 위한 책이기도 합니다. 다양한 코딩 교구를 사용하여 어린이들과 코딩 교육을 해본 적 있는 사람의 경험담과 조언은 매우 중요합니다. 저자는 이런 조언을 하기에 매우 합당한 사람입니다. 이보다 더 좋은 조언자는 없을 것입니다.

할 아벨슨Hal Abelson 교수
MIT
Cambridge, MA

들어가며

부모가 자녀의 미래를 위한 다양한 선택과 결정을 할 때, 코딩을 가르치는 것은 필수적이어야 합니다.

10년 전만 해도, 스마트폰 한두 대, 그리고 컴퓨터 한 대 정도가 집에 있는 것이 일반적이었습니다. 그러나 오늘날에는 미국 가정의 3분의 1 이상이 3대 이상의 모바일 기기를 가지고 있는 것으로 조사되었습니다.[1] 아주 어린 아이들을 포함한 대부분의 사람이 첨단 기술과 연결되어있습니다. 한 살이 된 아이도 아이폰iPhone의 잠금을 풀 수 있을 정도입니다. 아이들의 기기 사용 빈도는 점점 높아질 것입니다. 그렇기에 코딩은 이 세대의 아이들이 자신의 창의성을 발현하는 효과적인 방법이라 할 수 있습니다.

과거에는 펜과 종이를 사용하여 낙서를 하거나 그림을 그리고 색칠하며 창의성을 표현했습니다. 그러나 이제는 대부분의 아이들이 스스로 무엇인가를 만들어내기보다 스마트 기기로 이미 만들어진 영상을 보고 게임을 하며 시간을 보내고 있습니다. 아이들은 자신의 상상력을 표현할 수 있어야 합니다. 변화한 시대에서 창의성을 표현할 수 있는 방법이 바로 코딩입니다. 코딩은 아이들이 자신만의 앱이나 게임, 로봇의 움직임을 만들며 창의성을 발휘할 수 있도록 합니다.

---

[1] Olmstead, Kenneth. "A Third of U.S. Households Have Three or More Smartphones." Pew Research Center, Pew Research Center, 25 May 2017, www.pewresearch.org/fact-tank/2017/05/25/a-third-of-americans-live-in-a-household-with-three-or-more-smartphones/

현재 취업시장에서 코딩 기술은 인기가 높습니다. 실제로 오늘날 산업 현장에서 코딩이 쓰이지 않는 곳이 없기 때문입니다. IT 산업은 지금도 빠르게 성장하고 있기에, 앞으로도 코딩 기술을 가진 사람의 수요는 계속 늘어날 것입니다. IT산업이 캔버스라면 코딩은 그 위에 그림을 그리는 붓입니다. 코딩은 창의성을 실제 기술로 표현할 수 있도록 하는 도구입니다. IT 산업뿐만 아니라, 의료, 건축, 제조업의 자동화에도 코딩은 필수 요소입니다.

의료

수술 전문 로봇은 무릎 관절 교체, 라식, 모발이식 등 많은 수술에서 핵심적인 역할을 담당합니다. 수술 전문 로봇을 사용한 최소침습수술[2]은 작은 절개부위로도 정확하게 필요한 처치를 할 수 있습니다. 이는 통증의 경감과 빠른 회복에도 도움이 됩니다. 앞으로 수술 전문 로봇은 더 많은 수술에 활용될 것입니다.

건축

건축가가 고객에게 디자인을 설명하기 위해서는 많은 시간과 자료들이 필요합니다. 그러나 가상현실(VR)을 사용한다면, 가상으로 지어진 건물을 보며 바로 디자인을 논의하고 수정할 수 있습니다.

블록체인

블록체인은 동등 계층 간 통신망peer-to-peer, P2P을 통해 정보를 기록하도록 설계된 기술입니다. 월마트는 이 기술을 활용하여 유통과정을 투명하게, 추적 가능하고 안전하게 만들어 식품의 신선도를 보장할 수 있게 되었습니다.

인공지능

구글이 만든 국제 어업 감시 프로그램Global Fishing Watching 2016은 인공지능을 활용하여 전 세계의 선박 및 상업적 낚시 활동의 데이터를 실시간으로 제공합니다. 이 프로그램은 불법 어업활동 단속 및 불법 어업 활동 방지를 위한 정책을 만드는 것에도 도움을 줍니다.

빠른 기술의 발전이 새로운 직업들을 만들어내고 있습니다. 이런 상황에서 부모는 자녀의 미래에 대한 염려와 혼란을 겪기도 합니다.

---

[2] 기존의 수술과 동일한 효과를 가지지만 환자에게 미치는 영향을 최소화하는 수술 방법

혼란을 기회로

디지털 기기는 오늘날 대부분의 아이들의 생활에 깊이 들어와 있습니다. 계속 변하는 테크놀로지 세계를 탐색하려면 무엇이 필요할까요? 전문가들은 아이의 기기 사용 시간과 방법을 관리할 것을 권합니다. 하지만 무턱대고 규제하면 아이와 갈등이 생길 수 있습니다.

코딩은 아이가 스마트 기기를 창의적으로 활용하도록 만듭니다. 저는 코딩이 아이들에게 미치는 긍정적 영향을 직접 경험했고, 함께 경험한 부모들도 있습니다. 이 책을 통해 독자들과도 이 경험을 나눌 수 있게 되어 기쁩니다.

코딩 가이드

제가 2013년 설립한 퍼스트 코드 아카데미First Code Academy는 현재 4~18세 학생들을 위한 최고의 코딩 교육기관이 되었습니다. 이 기관에서는 온라인과 오프라인 워크숍을 함께 진행합니다. 1만 명 이상의 학생들이 이곳에서 함께 공부하고 있습니다. 이곳에서 함께 공부한 학생들은 미국의 스탠포드, 예일, 콜롬비아, UC버클리, 영국의 케임브리지 대학교와 같은 명문 학교의 컴퓨터 과학 및 공학과에 진학하기도 했습니다.

저는 포브스Forbes가 선정한 "30세 미만 아시아 기업인 30명"에 선정되기도 했으며, 2015년에는 영국 BBC의 "영향력 있는 여성 100인100 Influential Women" 명단에 오르기도 했습니다. 2015년에는 미국상공회의소가 선정한 "영향력 있는 여성" 젊은 기업가 부문과 창업가 부문, 2014년에는 "희망을 주는 여성" 기술 부문에 선정되었습니다.

저는 또한 MIT가 주관하는 마스터 트레이너 프로그램에서 최초로 인증을 받은 사람이기도 합니다. 이 프로그램은 교육 장면에서 MIT 앱인벤터 플랫폼을 사용하는 K-16[3] 교육자 및 기타 전문가를 인증하는 프로그램입니다. 저는 2017년부터 이 프로그램의 초빙강사로 활동하고 있습니다.

---

[3] 초중고대학교육과정

부모들은 코딩을 배우기 좋은 나이, 배워야하는 언어, 교육 방법에 대해 많은 질문을 합니다. 이 책이 그 답이 될 수 있을 것입니다.

이 책은 부모들이 코딩을 이해하고, 코딩 교육에 도움이 되는 방법들을 얻을 수 있도록 구성되어 있습니다. 코딩교육에서 중요한 것은 아이가 연령에 맞는 프로그래밍 언어와 도구를 창의적으로 활용하여 코딩을 배우고, 그것을 좋아하도록 하는 것입니다.

지금의 프로그래밍 교육은 10년 전, 불과 5년 전과도 매우 다릅니다. 현재는 프로그래밍 용어나 개념을 몰라도 간단히 입문할 수 있는 교구가 많이 나와 있습니다. 과거에는 실제 코딩을 하는 것보다 코딩 환경⁴을 설정하고 디버깅⁵을 하는데 더 많은 시간을 썼습니다. 그러나 오늘날의 교육용 프로그램은 훨씬 직관적이며, 이를 구동하기 위한 다른 프로그램이 필요하지 않습니다.

아이에게 글을 가르치면 아이는 글을 통해 새로운 세상을 만납니다. 코딩도 마찬가지입니다. 아이에게 코딩을 가르치면 아이는 코딩을 통해 새롭고 재미있는 세계를 탐험할 수 있습니다.

시작해볼까요?

---

⁴ 코딩을 하기위해 필요한 다양한 프로그램이 설치된 환경. 프로그래밍 언어별로 환경설정이 다르기 때문에 초보자가 코딩 환경을 설정하는 것은 쉽지 않다.
⁵ 코드에 있는 오류를 찾아 수정하는 것

차례

1부

코딩교육:
왜, 어떻게 해야 할까?

01

디지털 시대의 자녀 교육

스마트폰 속에 우리 아이를 망치는 악마가 살고있는 것이 분명하다.

– 실리콘밸리에 사는 엄마[6]

빠른 변화를 따라가는 것은 혼란스럽기도 하고, 때때로 길을 잃은 느낌도 있습니다. 대부분의 어른들은 물론이고, 자녀교육에 많은 관심을 가진 부모들조차 빠르게 발전하는 기술을 따라가는 것을 어려워합니다. 많은 부모가 아이가 자유롭고 창의적이기를 바랍니다. 그러나 코딩이 아이에게 자유롭고 창의적인 활동이 될 수 있을 것이라고는 생각하지 않는 것 같습니다.

부모 세대는 새로운 기술을 받아들이는 것이 어색하고 어렵지만, 아이는 부모 세대와는 다른 환경에서 태어나고 자랐기 때문에, 부모가 가진 관점과는 다르게 새로운 기술을 받아들일 수 있습니다.

---

[6] Bowles, Nellie. "A Dark Consensus About Screens and Kids Begins to Emerge in Silicon Valley." The New York Times, The New York Times, 26 Oct. 2018, http://www.nytimes.com/2018/10/26/style/phones-children-silicon-valley.html

스마트 기기 이전 세대의 유년기

부모 세대의 대부분은 돌이나 붓과 같은 물건을 가지고 놀며 자랐습니다. 빈 도화지에 그림을 그리고 낙서를 하며 창의성을 표현하는 것이 일반적이었습니다. 이 시기의 컴퓨터는 매우 크고 느렸으며, 무엇보다 가정에 컴퓨터가 보급되지 않았던 시대였습니다.

아이폰 이후의 세대의 유년기

그러나 요즘 아이들은 도화지에 크레용으로 낙서를 하지 않습니다. 대신 아이패드를 씁니다. 2017년 커먼센스 미디어Common Sense Media의 발표에 따르면, 미국의 9세 이하의 어린이는 하루 2시간 이상 전자기기를 사용하며, 8세 이하 어린이 중의 42%는 자신만의 태블릿PC를 가지고 있는 것으로 조사되었습니다. 같은 조사에서 2011년에는 1%, 2013년에는 7%의 결과가 나왔다는 것을 보면 급격히 증가한 수치입니다.[7]

스마트 기기를 활용하여 정말 많은 일을 할 수 있지만, 대부분의 아이들은 게임이나 유튜브YouTube 시청과 같이 콘텐츠를 수동적으로 소비하는 활동을 합니다. 유튜브는 '새로운 어린이 TV'라고 불릴 정도로 어린이와 청소년에게 인기가 있습니다. 어린이를 위한 유튜브 키즈YouTube Kids는 2015년 시작 이후 2017년 11월 주간 이용자 수 1,100만 명 이상, 총 조회 수 700억 회 이상을 기록했습니다.[8]

아이들은 앵그리버드Angry Birds와 같은 단순한 게임을 하며 시간을 보냅니다. 마인크래프트Minecraft나 로블록스Roblox같이 플레이어가 직접 무엇인가를 만들 수 있는 개방형 게임과는 달리, 앵그리버드는 정해진 방식으로 게임을 해야하고, 엔딩 또한 한 가지 뿐입니다. 하지만 게임 리뷰 사이트에서는 교육적 효과가 있는 게임보다 아이들을 얌전하게 있도록 하는데 효과적인 앱의 평점이 더 높습니다.[9]

[7] Howard, Jacqueline. "Report: Young Kids Spend over 2 Hours a Day on Screens." CNN, Cable News Network, 19 Oct. 2017, http://www.cnn.com/2017/10/19/health/children-smartphone-tablet-use-report/index.html

[8] Perez, Sarah. "YouTube Kids Update Gives Kids Th eir Own Profi les, Expands Con-trols." TechCrunch, TechCrunch, 2 Nov. 2017, techcrunch.com/2017/11/02/youtube-kids-update-gives-kids-their-own-profi les-expands-controls/

[9] Kamenetz., Anya, and Anya Kamenetz. "What Makes an App Great for Kids Might Surprise You." Ad Age, 13 Mar. 2018, adage.com/article/digital/makes-app-great-kids-surprise/312687/

열린 결말 활동과 창의성 배양의 중요성

"아이들은 놀이를 통해 실제 자신을 뛰어넘는 경험을 합니다.
마치 자기 머리 하나쯤 더 큰 것처럼."

– 레브 비고츠키[Lev Vygotsky]

놀이는 아이들의 사고력, 학습능력 및 문제 해결 능력, 사회성과 창의성을 키워줍니다. 다양한 놀이와 장난감들은 여러 가지 방법으로 아이들의 발달에 영향을 줍니다. 이스턴 코네티컷 주립대학교 유년기 교육센터의 제프리 트라윅-스미스[Jeffrey Trawick-Smith] 교수의 연구에 따르면, 열린 결말 활동을 위한 장난감(블록놀이, 그림그리기, 의사놀이 등)은 정해진 방식이 있는 장난감보다 사고력, 사회적 상호작용, 창의성 및 말하기 능력을 키우는데 도움이 됩니다.

열린 결말 활동 도구는 아이들이 스스로 결정하고 창의성을 표현하고 독립성을 기르는데 도움을 줍니다. 이 도구는 용도가 정해져있지 않습니다. 하나의 블록은 상상력을 바탕으로 자동차, 전화기, 의자, 아이스크림 등이 될 수 있습니다. 이런 경험은 아이들에게 긍정적 교육효과를 가져옵니다. 특별히 많은 기술들이 자동화되어가는 미래에는 창의성과 적응력, 문제 해결 능력을 기반으로 새롭게 생각하는 능력이 필요할 것입니다.[10]

집안의 디지털 괴물

현대의 가정에는 가족이 함께 시간을 갖지 못하게 하는 괴물이 있습니다. 바로 스마트 기기입니다. 빌 게이츠는 아이들이 14세가 되기 전에 휴대전화를 갖지 못하게 했고, 식사시간 및 잠자리에 들기 전에는 절대로 스마트 기기를 사용하지 못하게 하는 등, 스마트 기기 사용 시간을 엄격하게 규제했다고 합니다.[11] 스티브 잡스 또한 아이들에게 아이패드를 주지 않았다고 합니다.[12]

부모, 그리고 전문가들은 아이들이 장시간 스마트 기기를 활용했을 때 그것에 중독되지 않을까 염려합니다. 그래서 실제로 많은 가정이 스마트 기기 활용 시간제한으로 인한 갈등을 겪고 있습

[10] Shrier, Carrie. "Th e Value of Open-Ended Play." Native Plants and Ecosystem Services, Michigan State University | College of Agriculture & Natural Resources, 2 Oct. 2018, www.canr.msu.edu/news/the_value_of_open_ended_play

[11] Weller, Chris. "Bill Gates Is Surprisingly Strict about His Kids' Tech Use – and It Should Be a Red Flag for the Rest of Us." Business Insider, Business Insider, 14 Jan. 2018, www.businessinsider.com/how-bill-gates-limits-tech-use-for-his-kids-2018-1

[12] Ibid.

니다. 부모들은 아이가 컴퓨터 게임에 중독되어 학업과 사회성 발달에 문제가 생기는 것을 우려합니다. 코딩을 배우면 컴퓨터 앞에 앉아있는 시간이 늘어나기 때문에 이러한 염려가 생길 수 있습니다.

많은 부모들은 **코딩** 교육이 과연 아이에게 필요한지 의문을 가지기도 합니다. 실제로 대부분의 국가에서 "컴퓨터 프로그래밍" 과목은 정규과목이 아닙니다. 대신 컴퓨터 시간에는 컴퓨터의 작동 방법과 소프트웨어 사용 방법을 배웁니다. 코딩 교육을 정규 핵심 과목에 포함시키기 위한 정책들이 만들어지고 있지만, 정착하기까지는 시간이 더 필요합니다. 부모들은 수학, 언어, 과학과 같은 과목에만 집중하기 때문에, 코딩의 중요성은 높게 평가되지 않고 있습니다.

아이들이 컴퓨터에 오래 노출되는 것은 주의해야 합니다. 컴퓨터와 기술은 그저 도구일 뿐입니다. 그렇기에 다른 도구들과 마찬가지로 사용했을 때 도움이 될 수도 있고, 그렇지 않을 수도 있습니다. 어린 아이는 자제력이 부족하여 스스로 사용 시간이나 내용을 조절하지 못할 수 있습니다.

기기 사용 시간

아이들의 기기 사용 시간을 조절하는 것이 가장 어려운 문제입니다. 생후 3개월 정도의 영아들은 반짝거리는 태블릿PC의 화면에 매우 큰 관심을 가집니다. 부모나 형제들이 스마트 기기를 사용하는 것을 보면, 본능적으로 그것을 붙잡으려 합니다. 스마트 기기의 과도한 사용은 여러 가지 문제를 야기합니다. 장시간 스마트 기기 화면에 노출되는 경우 근시나 난시가 생길 수 있습니다. 외부 활동 대신에 스마트 기기 사용에 몰두하면 신체 활동의 부족으로 인한 문제들이 생길 수 있고, 실제 사회적 활동의 참여도 줄어들어 사회성에 문제가 생길 수도 있습니다.

컴퓨터를 사용하여 과제를 하거나 시험을 보는 일이 많아지면서, 아이들이 컴퓨터를 사용하는 시간이 점점 늘어납니다. 이런 상황에서 부모가 아이의 컴퓨터 사용을 관리하는 것은 어려운 일입니다. 기기 사용 시간을 무작정 통제하기보다 아이 스스로 조절할 수 있도록 돕는 것이 좋습니다.

아이가 스스로 기기 사용 시간에 경각심을 가질 수 있도록 하는 것이 좋습니다. 이를 위해 기기 사용 시간을 볼 수 있는 프로그램을 활용할 수 있습니다. 아래 프로그램은 사용 시간을 추적하고 관리하는데 도움을 줍니다.

- Rescue Time
- Moment
- UnGlue

각 프로그램에 대한 소개는 이 책의 부록에 있습니다. 이 프로그램들을 사용하며 아이들과 함께 앉아 주간 사용량을 함께 확인해보는 것이 가장 좋습니다. 이렇게 하면 아이들이 스스로 기기 사용 시간을 보며 경각심을 갖게 되고, 자신들이 원하는 사용 시간을 논의를 통해 함께 정할 수 있게 됩니다.

시간 관리 소프트웨어의 사용을 기반으로 "기기 사용 시간 계약"을 만드는 것이 중요합니다. 책의 부록에 사용 계약에 참고할만한 내용을 수록했습니다. 기기 사용 시간 계약을 하면 아이는 스스로의 행동에 책임감을 가지게 됩니다. 계약서를 활용하면 아이들이 부모의 통제를 벗어나는 방법을 고민하는 대신, 책임감을 가지고 도구의 관점에서 기기를 사용하는 법을 배우는데 도움을 줍니다.

비생산적이거나 유해한 콘텐츠

Nyan Cat 10 hours (original)
79,979,057 views

"10시간 니얀 고양이"Nyan Cat 10 Hour[13]는 과자모양의 몸과 무지개 꼬리를 가진 고양이가 화면을 가로질러 날아가는 모습을 10시간 동안 보여주는 유튜브 영상입니다. 배경음악으로 인해 아이들은 이 영상에 최면 걸리듯 빠져듭니다. 실제로 이 영상은 2011년 유튜브 최고 조회수 5위를 기록했고, 누적 조회수는 7천 9백만 회에 이릅니다. 이 영상은 실질적으로 유해하진 않지만 대부분 성인의 관점에서는 비생산적입니다. 아이들은 쉽게 이와 비슷한 영상을 유튜브에서 찾아내고 그것을 보며 시간을 보낼 수 있습니다. 다른 사람들과 교류하고, 그림을 그리고 무엇인가를 만드는 등의 창의적 활동을 할 시간을 이런 영상에 뺏기는 것입니다.

아이들에게 적합하지 않은 콘텐츠를 찾는 것은 어렵지 않습니다. 영국의 인기있는 쇼인 페파 피

---

[13] https://www.youtube.com/watch?v=QHLq0yCEUts

그^{Peppa Pig}는 성인들을 위한 프로그램으로, 아이들에게는 부적절한 내용이 많이 담겨 있습니다. 유튜브 키즈의 시스템의 한계로 인해 이러한 프로그램을 걸러내지 못하는 일이 있을 수 있습니다. 2017년에는 인터넷 유머 콘텐츠 중에 세탁 세제를 먹는 것이 유행이 되면서 이것을 따라한 10대들이 병원 신세를 지는 일도 있었습니다.[14]

이런 문제를 방지하기 위해 부모는 자녀의 기기 사용을 확인하고 콘텐츠의 내용을 살펴보고 모니터링 할 수 있습니다. 이를 위한 프로그램 몇 가지를 소개합니다. (해당 프로그램의 설명은 책의 부록에 있습니다.)

- 써클^{Circle}
- 넷내니^{Net Nanny}
- 쿼스터디오^{Qustodio}

보호 vs 감시?

아이들이 자라면서 사생활에 대한 문제가 생깁니다. 한 연구 기관의 2018년 보고서에 따르면, 13세에서 17세 청소년을 자녀로 둔 성인들의 61%가 자녀가 방문한 웹 사이트를 확인한 적이 있다고 보고했으며, 60%가 자녀의 소셜 미디어를 찾아보았고, 48%가 자녀의 통화목록과 메시지를 본 적이 있다고 보고했습니다. 스마트폰을 통해 자녀의 위치를 추적하고 확인한 부모는 16%가 있었습니다.

보호와 감시 사이의 미묘한 경계는 여전히 어려운 문제입니다. 하지만 어떤 경우에도 디지털 모니터링 프로그램을 사용하는 것은 아이가 스스로 콘텐츠의 내용을 식별할 수 있도록 하는 능력을 키우기 위함임을 잊지 말아야 합니다.

수동적 소비

그저 앉아 영상을 보고, 짜여진 틀 안에서 움직이기만 하는 수동적인 게임에 시간을 쓰는 것은 아이에게 아무런 유익이 되지 않습니다. 이런 활동은 아이가 정신적 권태감에 빠지게 하며, 논리적 사고나 창의성을 키우는 것에는 어떤 도움도 되지 않습니다.

---

[14] Chelsea Ritschel in New York. "Teenagers Are Risking Death to Film Themselves Eating Tide Pods." The Independent, Independent Digital News and Media, 11Apr. 2018. www. independent.co.uk/life-style/tide-pod-challenge-deaths-risk-teens-eat-detergent-videos-what-is-happening-a8156736.html

반면, 아이가 능동적으로 하는 활동은 긍정적 효과가 있습니다. 이런 활동을 위한 다양한 앱과 도구들이 있습니다. 아이폰이나 아이패드의 개러지밴드GarageBand 앱을 통해 음악을 만들거나, 포토샵Photoshop, 아이무비iMovie, 파이널컷 프로Final Cut Pro 등 컴퓨터를 사용하여 사진을 편집하고 영상을 제작할 수 있는 앱들을 활용할 수 있습니다. 10살 정도의 아이가 전문가 수준의 영상 콘텐츠를 제작하기도 합니다. 아이들은 컴퓨터를 활용하여 자신의 창의성, 그리고 자기 자신을 표현할 수 있습니다.

코딩도 이와 같습니다. 프로그래밍은 컴퓨터에게 어떤 일을 하도록 하는 창의적인 활동이기 때문입니다. 아이가 기술을 수동적으로 받아들이는 대신, 자신만의 게임이나 웹 사이트를 만들어낼 수 있도록 하는 것이 코딩입니다.

경험해보지 못한 감정들

부모는 자녀에게 최고의 것을 주고자 합니다. 지금 부모 세대는 스마트 기기나 디지털 문명의 혜택을 받지 못했습니다. 그래서 스마트 기기나 코딩같은 것을 보면 '과연 이것이 아이에게 좋은 것인가?'와 같은 생각과 더불어 다양한 감정들을 느낄 수 있습니다.

죄책감

부모가 할 일이 있거나 아이와 긴 비행을 함께 할 때, 다른 사람과 저녁을 함께 먹을 때 아이에게 스마트 기기를 쥐어주는 것이 죄책감을 들게 하기도 합니다. 성인인 부모 스스로도 스마트 기기를 쉽게 놓지 못하기 때문에, 자신이 좋은 롤 모델이 되지 못한다는 것에도 죄책감을 느낄 수 있습니다.

두려움

부모는 스마트 기기, 그리고 새로운 기술의 활용이 어떤 결과를 가져올지 알지 못합니다. 그렇기에 혹시 아이가 유해 콘텐츠나 게임에 빠져 학업이나 운동, 음악 등의 필요한 것들과 멀어지고, 그로 인해 아이의 성장기를 망칠지도 모른다는 두려움이 생길 수 있습니다.

불안

기술 산업 시장이 커지면서 일자리를 얻을 수 있는 기회도 많아지고 있기 때문에 부모들은 아이에게 얼마만큼 컴퓨터나 기술, 코딩을 가르쳐야하는지 생각하게 됩니다. 앞으로의 변화를 전혀 예측할 수 없지만 아이의 미래를 위해 무언가를 준비시켜야 한다는 생각이 불안감을 줄 수 있습니다.

당혹감

많은 부모들이 스마트 기기 사용 문제로 자녀들과 갈등을 겪습니다. 아이들은 학교 과제를 위해 기기를 써야

하기에 마냥 시간을 제한할 수도 없습니다. 제한을 해도 아이들이 자기 전에 몰래 스마트폰을 가져다가 유튜브를 보거나 하는 일이 생기기도 합니다. 이처럼 부모들이 자신들이 원하는 방법으로 아이들을 통제할 수 없는 상황에서 당혹감을 느낄 수 있습니다.

혼란

아이의 스마트 기기 사용에 대한 명확한 지침이 없다는 것은 부모의 판단에 혼란을 야기합니다. 이에 대한 너무나 다양한 의견이 있고, 관련된 정보가 서로 모순되는 경우도 있습니다. 15년 전에는 아이들에게 시청각 교육자료인 베이비 아인슈타인^{Baby Einstein}을 보여주거나, 아이패드로 게임을 시키는 것이 유행이었습니다. 하지만 이후 몇몇 전문가들은 아이들에게 스마트 기기를 아예 주지 않는 것이 좋다고 말하기도 했습니다. 더 나아가 이제는 성인용 스마트 기기 사용 모니터링 프로그램까지 나온 실정입니다.

아이의 잠재력을 최대한 활용하기

부모는 아이가 스스로 창의성을 발휘하고 표현하기를 원합니다. 창의성은 문제 해결 기술을 키우면서 발달합니다. 코딩은 바로 문제 해결 기술을 배우는 방법입니다.

코딩을 통한 창의성 키우기

자녀가 스마트 기기 앞에서 단지 시간을 소비하기만 하는 문제는 두 가지 해결책이 있습니다. 한 가지는 기기 사용 시간을 제한하는 것이고, 다른 한 가지는 코딩을 가르치는 것입니다. 코딩은 아이가 자신이 생각하는 것을 구현하는 일이기 때문에 창의성을 회복하고 발현하도록 해줍니다. 코딩에는 한계가 없습니다. 아이가 상상하는 것을 구현하기에 충분합니다. 아이가 펼쳐가는 상상이 코딩의 재료가 됩니다.

디지털 세대의 유년기는 캔버스 위에 붓으로 그림을 그리는 대신 코딩을 통해 창의성을 발휘합니다. 유년기는 사람의 인생에서 가장 창의적인 시기입니다. 앞서 언급했지만, 부모 세대의 장난감은 아날로그 방식이었습니다. 상상력을 덧씌워 여러가지 방식의 놀이가 가능했습니다. 하지만 지금 시대의 놀이는 마인크래프트와 같은 예외적인 방식을 제외하면 결말이 한정적입니다. 창의성을 기르기 위해서는 열린 결말을 가진 디지털 놀이 방식을 활용할 수 있어야 합니다. 이 이야기는 뒤에서 더 이어가도록 하겠습니다.

일찍 시작하기

아이에게 코딩을 가르치기에 적절한 시기는 언제일까요? 일반적으로 초등학교에 들어가기 직전부터 초등학교 시기까지 프로그래밍을 접하게 하는 것이 좋습니다. 물론 나중에 배워도 상관없습니다. 실제로 많은 컴퓨터 프로그래머들은 대학에서 코딩을 배워 IT업계에서 일하고 있기도 합니다. 그러나 이른 시기 프로그래밍을 배우는 것이 좋은 이유는, 이것은 새로운 언어를 배우는 것과 같기 때문에 일찍 시작할수록 더 쉽게 받아들일 수 있기 때문입니다.

대학에서 프로그래밍을 배우면 이론부터 시작하게 되지만, 아이들은 본인의 흥미와 창의적 상상에 따라 프로그래밍을 배울 수 있습니다. 이런 접근을 통해 이론과 알고리즘을 따로 공부하는 과정 없이도 자연스럽게 프로그래밍의 원리를 배울 수 있게 됩니다.

대학의 컴퓨터 과학 입문 과목도 점차 인기가 높아지고 있습니다. 한 예로, 컴퓨터 과학 개론[15]은 하버드 대학교에서 가장 인기있는 과목입니다. 2017년 가을학기 등록 인원만 697명이나 될 정도였습니다.[16] 하지만 대형 강의실 환경에서는 충분히 도움을 받으며 배우기가 어렵습니다. 그렇기 때문에 이른 시기 소규모 수업을 통해 일찍 코딩을 시작하면, 필요한 도움을 받으며 기초를 쌓을 수 있습니다.

적합한 도구를 고르기

코딩은 시작하는 시기도 중요하지만, 시기에 적절한 도구를 고르는 것도 중요합니다.

4세 어린이에게 코딩을 가르치는 방식은 컴퓨터를 사용하기보다 직관적으로 과제를 수행할 수 있도록 돕는 과정을 하도록 하는 것입니다. 컴퓨터를 사용하지 않기 때문에 스마트 기기에 과도하게 노출될 걱정을 덜 수 있습니다.

간혹 아이의 나이대에 적합하지 않은 프로그래밍 언어를 가르치려는 부모가 있습니다. 예를 들어, 많은 IT 기업에서 파이썬Python을 쓴다는 기사를 읽고 6세 아이에게 이것을 가르치는 것입니다. 하지만 6세 아동에게 파이썬은 적합한 언어가 아닙니다. 파이썬은 블록 기반 언어가 아니라 직접 텍스트로 코드를 입력해야 하는 방식이기 때문에, 먼저 컴퓨터 활용 자체에 익숙해져야하고, 프로그래밍의 개념을 이해하고 있어야 합니다. 만약 6세 아동이 강제로 파이썬을 배우게 된다면, 금방 흥미를 잃게 될 것입니다. 아이의 나이에 맞는 교육방법과 프로그래밍 언어를 선택하여 차근차근 이해할 수 있도록 돕는 것이 중요합니다. 이 과정을 따라가다보면 아이는 개념을 이해하면서 파이썬과 같은 언어를 다룰 수 있게 될 것입니다. 결코 서두를 필요가 없습니다.

---

[15] Introduction to Computer Science I, CS50

[16] "The Harvard Crimson," The Harvard Crimson, www.thecrimson.com/article/2017/9/11/course-enrollment-2017/

교육의 변화

모든 학교에서 코딩을 가르치는 것은 아니지만, 점차 정규 교육과정에 코딩이 포함되기 시작했습니다. 테크놀로지 산업이 경제 발전에 미치는 영향이 커짐에 따라, 많은 나라들이 코딩 교육에 높은 관심을 보이고 있습니다. 테크놀로지 사업의 기본은 프로그래밍에 있다고 해도 파언이 아닙니다. 때문에 많은 나라들이 교육과정에 코딩을 포함시키도록 정책을 바꾸고 있습니다.

이미 유럽연합의 약 15개 나라가 나라와 지역 및 학군별로 교과과정에 코딩을 포함시켰습니다.[17] 특히 영국은 이 변화에 민감하고 적극적으로 대응하고 있습니다. 영국에서는 만 16세 이하의 모든 학생이 컴퓨터 프로그래밍 수업을 듣습니다.[18] 중국은 전국 대학 입학 시험인 가오카오 Gao Kao 에 코딩 과목을 추가하겠다는 계획을 발표했습니다.[19] 시카고, 뉴욕, LA같은 미국의 여러 대도시 학교들은 컴퓨터 과학을 교과에 포함시키려 합니다.[20]

코딩 교육은 대부분의 나라에서 전략적 중요성을 가집니다. 경제의 주요 원동력이 테크놀로지 산업이기 때문입니다. 과거 제조업이 성장을 이끌었지만, 지금은 테크놀로지 산업이 그 일을 하고 있습니다. 이에 맞춰 교육의 초점이 변하고, 코딩 교육에 투자하는 것이 중요해지고 있습니다.

기회의 문 열기

아이들이 직업을 가질 때 쯤, 세상은 어떻게 바뀌어 있을까요?

- 이미 스마트 기기들이 우리 삶 깊숙하게 자리잡고 있습니다. 컴퓨터는 스마트폰이나 태블릿PC 외에도 자동차, 에어콘, IoT 장치 등 생활 곳곳에서 사용됩니다. 코딩을 배우는 것은 단순히 이러한 기술을 사용하는 것에서 벗어나, 기술을 이해하고 더 나은 방식으로 활용하도록 돕습니다. 디지털 세상에서 코딩은 세상을 더 잘 이해하게 해주는 창입니다.

- 코딩은 상상을 구현하는 일입니다. 이 과정에서 효과적으로 사고하고 발생한 문제를 해결하는 능력이 길러집니다. 이런 능력은 생활 속 다른 영역에도 적용할 수 있습니다.

---

[17] Jacobsen, Henriette. "Coding Classes Trending across EU Schools." Euractiv.com, 12 Oct. 2015, www.euractiv.com/section/social-europe-jobs/news/coding-classes-trending-across-eu-schools/

[18] "An Emerging Trend." Understanding and Preventing Early School Leaving, www.schooleducationgateway.eu/en/pub/latest/news/computer_programming_and_codin.htm

[19] "Computer Programming Education Goes Viral in China." Profile: Peru's Engineer-Turned-President Martin Vizcarra – Xinhua | English.news.cn, www.xinhuanet.com/english/2018-04/14/c_137110920.htm

[20] Keilman, John. "Coding Education Rare in K-12 Schools but Starting to Catch On." Chicagotribune.com, Chicago Tribune, 4 Jan. 2016, www.chicagotribune.com/news/ct-coding-high-school-met-20160101-story.html.

• 코딩은 대부분의 산업에서 사용되는 중요한 기술입니다. 테크놀로지 산업의 발전은 매우 빠릅니다. 주식 시상이 이를 딘적으로 보여줍니다. 미구의 10대 과학, 기술, 공학, 수학(STEM) 직업 중 7개가 컴퓨터와 관련이 있습니다. 소프트웨어 개발자는 75만명, 사용자 지원 전문가 및 시스템 분석가는 50만명 이상입니다. 2009년부터 2015년 사이에 STEM 직업은 평균 10.5%, 82만개 가까이 증가했습니다. 같은 시기 STEM 외 분야의 신규 일자리는 5.2% 증가에 그쳤습니다.[21]

코딩은 테크놀로지 산업 외에도 다양한 산업의 일자리를 창출합니다. 프로그래머는 오래된 산업의 문제를 해결할 수 있습니다. 물류 회사의 경우, 업무 과정을 자동화하거나 창고 재고 조사 로봇을 만들어 비용을 절약하도록 할 수 있습니다. 이를 위해 회사는 프로그래머를 고용하거나 소프트웨어 회사에 외주를 줄 수 있습니다. 이처럼 앞으로는 코딩이 많은 기회를 만들 것입니다. 그렇기에 코딩을 배우는 것은 필수적입니다.

미래의 크리에이터 만들기

세계 경제 포럼World Economic Forum, WEF이 발간한 보고서에 따르면, 2022년까지 전 세계적으로 로봇이 약 7천 5백만개의 일자리를 대체할 것입니다.[22] OECD의 보고서는 32개국의 일자리 중 14%가 자동화 되었을 때 사라지기 쉬울 것이라고 합니다. 동시에 세계 경제 포럼 보고서는 1억 3천 5백만개의 새로운 일자리가 자동화 과정을 만들기 위해 생길 것으로 전망했습니다. 앞으로 스마트 기기를 활용하여 복잡한 문제의 해결책을 자유롭게 만들어낼 수 있게 될 것입니다. 그렇기에 미래에는 지식 창출과 혁신을 만들어내는 능력이 필요합니다.

상위 10개 직업 기술(세계 경제 포럼, 직업의 미래 보고서)			
2015년	2020년	2015년	2020년
문제 해결 능력	문제 해결 능력	품질 관리	감성 지능 EQ
동료간 협업	비판적 사고	소비자의 니즈 파악Service Orientation	판단력과 의사결정
인사 관리	창의성	판단력과 의사결정	소비자의 니즈 파악
비판적 사고	인사 관리	능동적 청취	협상 기술
협상 기술	동료간 협업	창의성	인지적 유연성

[21] https://www.bls.gov/spotlight/2017/science-technology-engineering-and-mathematics-stem-occupations-past-present-and-future/pdf/
[22] "The Future of Jobs Report 2018." World Economic Forum, www.weforum.org/reports/the-future-of-jobs-report-2018

미래를 준비하기 위해서는 무엇보다도 아이가 문제 해결 능력을 기르고 해결책을 찾을 수 있는 창의성을 가질 수 있도록 해야 합니다. 코딩은 이것을 효과적으로 돕고, 더 나아가 다양한 분야로 진출할 수 있는 기회를 제공합니다.

유의해야 할 것은, 코딩을 배워 관련 직업을 가지는 것이 중요한 것이 아니라는 점입니다. 코딩 기술 그 자체는 기술 변화에 따라 그 적용 방법이 달라질 수 있기 때문입니다. 코딩 교육의 목적은 이를 통해 창의성을 기르는 것이 되어야 합니다.

조언

코딩은 아이를 창의적으로 만듭니다. 코딩은 아이가 수동적으로 콘텐츠를 소비하는 것에 그치지 않고, 적극적으로 새로운 기술을 수용하고 만들어내는 사람이 될 수 있도록 돕습니다. 사용자가 아니라 제작자가 됩니다. 아이들은 코딩을 통해 미래 사회에서 꼭 필요한 기술을 배우고 창의력을 키울 수 있습니다. 다음 장에서는 부모가 아이의 코딩 경험을 창의적으로 돕는 법에 대해 알아보겠습니다.

02

코딩이란 무엇인가

우주의 비밀을 밝히기 위해서도, 일반적인 일을 하기 위해서도,
기본적인 컴퓨터 프로그래밍은 반드시 배워야 하는 기술입니다.

– 스티븐 호킹

본격적으로 코딩이 무엇인지 알아보겠습니다. 코딩은 '사람이 컴퓨터에게 무엇을 해야 하는지 알려주는 것'입니다. 이는 다양한 "프로그래밍 언어"를 통해 할 수 있습니다. 컴퓨터가 특정한 일을 하도록 하는 명령문을 '코드'라고 합니다. 컴퓨터는 프로그래밍 언어로 작성된 코드를 주어진 순서대로 실행합니다. 이런 코드가 모이면 '프로그램'이 됩니다.

컴퓨터는 주어진 코드를 수정 없이 그대로 실행하기 때문에, 코드에 사소한 오타가 있거나 문법에 정해진 문장부호가 빠져있으면 결과를 도출할 수 없습니다. 이러한 오류를 버그bug라고 합니다.

컴퓨터는 우리가 생각하는 것만큼 똑똑하지 않습니다. 컴퓨터는 단지 코드를 읽고 그대로 실행할 뿐입니다. 따라서 코드를 작성하는 사람이 세부사항에 신경을 써야합니다. 숙련된 코더에게 디버깅debugging 능력이 요구되는 것은 바로 이 때문입니다.

프로그래밍 언어란 무엇인가요?

컴퓨터는 켜짐과 꺼짐, 0과 1(이진법)의 정보만 이해할 수 있습니다. 0과 1로 입력을 받아 정보를 처리하고 그 결과를 사용자에게 보여주는 것입니다.

프로그래밍 언어는 프로그래미가 0과 1만을 이해하는 컴퓨터에게 명령문을 처리하도록 하기 위해 사용하는 사람과 컴퓨터 사이의 대화 매개입니다. 프로그래밍 언어는 정해진 구문을 바탕으로 사용자가 작성한 코드를 컴퓨터가 이해할 수 있도록 변환합니다. 예를 들어, "Hello, World"를 출력하도록 컴퓨터에 코드를 입력하면, 프로그래밍 언어는 그것을 컴퓨터가 이해할 수 있는 이진법으로 변환합니다.

프로그래밍 언어를 사용하면 이진법을 사용하여 코드를 입력하는 것보다 더 쉽게 쓰고 읽고 이해할 수 있는 코드를 만들 수 있습니다. 사람이 컴퓨터처럼 0과 1로 읽고 쓰려면 시간이 많이 필요할뿐더러 오류가 발생하기 쉽습니다.

구문은 프로그래밍 언어의 "문법"입니다. 프로그래밍 언어로 코드를 작성할 때 지켜야 하는 기본 규칙이라 하겠습니다. 각 프로그래밍 언어마다 코드를 쓰고 구조화하는 방식이 다르기 때문에 구문에도 조금씩 차이가 있습니다. 구문이 어려운 언어일수록 배우기가 까다롭습니다.

프로그래밍은 어떻게 하나요?

케이크를 굽기 위해서는 필요한 재료를 준비하여 단계별 설명에 따라 만들어야합니다. 맛있는 케이크를 만들려면 레시피를 정확하게 따르는 것이 중요합니다. 요리 웹 사이트 '올레시피닷컴 allrecipes.com'에서 소개하는 레드벨벳 케이크 레시피를 예로 들어보겠습니다.

1. 오븐을 175도로 예열하세요. 9인치 원형 팬 2개에 버터를 발라둡니다.

2. 쇼트닝과 설탕 1컵 반을 섞어줍니다. 잘 섞였다면 계란을 넣고 다시 섞어줍니다.

3. 코코아와 빨간색 식용 색소를 섞고, 앞에서 만든 반죽에 넣습니다. 소금, 바닐라시럽 1작은술, 버터밀크를 함께 섞어줍니다. 반죽에 밀가루와 버터밀크 혼합물을 넣고 완전히 섞일 때까지 잘 저어줍니다. 잘 섞인 반죽에 베이킹소다와 식초를 넣어줍니다. 이때 반죽을 젓지 마세요.

4. 앞에서 준비한 팬에 반죽을 붓고 약 30분 정도 오븐에서 굽습니다. (반죽을 찔러보았을 때 묻어나오는 것이 없을때까지) 이후 오븐에서 꺼내어 완전히 식힙니다.

5. 밀가루 5큰술과 우유를 약한 불에 올려 걸쭉해질 때까지 계속 저어줍니다. 밀가루 풀이 완성되면 완전히 식힙니다. 풀이 식는 동안 설탕 1컵, 버터 1컵, 바닐라시럽 1작은술을 잘 섞은 다음, 식힌 밀가루풀에 넣고 저어줍니다. 이후 케이크에 바릅니다.

컴퓨터 프로그래밍은 이처럼 컴퓨터에게 작업 방식을 자세하게 지시하는 레시피와 같습니다. 프로그래밍 언어는 인간의 아이디어를 컴퓨터가 이해하도록 전달하는 언어입니다. 원하는 결과를 얻으려면 차례대로, 상세하게 코드를 작성해야합니다. 코드는 곧 '케이크'라는 결과물을 얻기 위해 만든 '레시피'이기 때문입니다.

입력과 출력: 프로그램의 실행 과정

프로그램을 작성할 때 중요한 것은 정확한 구문 작성입니다. 앞서 말했듯이 구문은 프로그래밍 언어의 문법입니다. 컴퓨터는 생각보다 똑똑하지 않기 때문에, 작성된 코드를 그대로 따라할 뿐입니다. 그렇기에 구문에 맞게 정확하게 코드를 작성해야만 합니다.

작성한 코드가 모여있는 것을 소스 코드라고 합니다. 소스 코드는 구글 문서나 마이크로소프트 워드같은 워드프로세서에서 문서를 작성하는 과정과 비슷하게 만들어집니다. 서브라임 텍스트 Sublime Text, 아톰Atom, 빔VIM과 같은 텍스트 편집기에서 소스 코드를 작성할 수 있습니다.

소스 코드가 완성되면 해당 소스 코드를 컴퓨터가 이해할 수 있는 언어로 변환시켜 실행하도록 할 수 있습니다. 코드를 실행하면 코드가 의도한 것의 결과물을 볼 수 있습니다.

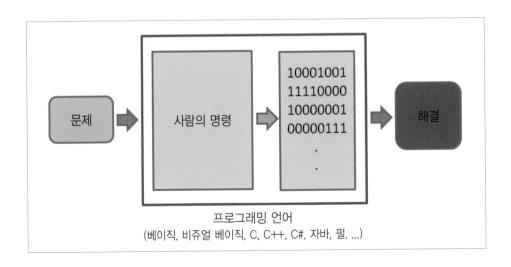

프로그래밍의 역사

에이다 러브레이스^{Ada Lovelace}가 1842년 최초의 프로그래밍 언어를 발명한 후, 지금까지 컴퓨터 프로그래밍 언어는 계속 발전하고 있습니다. 초기에는 포트란^{Fortran}, 리스프^{LISP}, 알골^{ALGOL}, 코볼^{COBOL} 등의 프로그래밍 언어가 등장했습니다. 현재 사용되는 대부분의 프로그래밍 언어는 초기 언어 중 하나에서 파생된 것입니다.

C++, 파이썬, 자바^{Java}와 같은 언어는 모두 1980~90년대 등장했습니다. 이 언어들은 기술 산업 전반에서 널리 사용되고 있습니다. 더불어 새로운 기술적 진보의 결과로 매년 새로운 언어가 등장하고 있습니다. 예로, 데이터 과학 분야에서 많이 사용하는 스칼라^{Scala}는 2004년에 등장했습니다. 2009년 구글이 출시한 고랭^{Golang}은 2017년 스택오버플로우^{Stack Overflow} 개발자 설문조사에서 가장 사랑받는 언어, 가장 많이 사용되는 언어 상위 5위에 선정되기도 했습니다.[23]

프로그래밍 언어는 급속도로 발달하고 있습니다. 그렇기에 코딩을 배우기 위해서는 특정 언어에 집중하기보다 기본적인 컴퓨터 과학 개념을 배우는 것이 중요합니다. 지금 배우는 프로그래밍 언어가 나중에는 쓸모없는 언어가 될지도 모릅니다. 하지만 프로그래밍의 기본 개념인 변수, 함수, 데이터구조, 재귀, 정렬 및 Big-O 표기법과 같은 개념은 모든 언어에 공통적으로 적용되는 것입니다. 코드 작성이 어려운 언어(저수준 언어)보다 배우기 쉬운 언어(고수준 언어)를 시작하는 것이 좋습니다. 배우기 쉬운 언어는 개념 이해를 더 쉽게 도와줍니다. 한 가지 언어를 익히면 다음 언어를 배우는 것이 수월해집니다.

저수준 언어와 고수준 언어

프로그래밍 언어의 저수준과 고수준의 차이는 해당 언어가 얼마나 추상적인지에 따라 달라집니다. 저수준 언어는 인간의 언어보다 이진법 코드에 가깝다고 할 수 있습니다. 따라서 사람이 쓰기에는 어렵고, 시간도 오래 걸립니다. 하지만 컴퓨터가 이해하기에는 쉽기 때문에, 처리 속도가 빠릅니다.

고수준 언어는 인간의 언어에 가깝기 때문에, 읽기 쉽고 구문도 유연합니다. 따라서 초보자가 배우기 쉬운 언어입니다. 코드를 작성하는 것도 저수준 언어보다 훨씬 빠릅니다. 하지만 인간의

---

[23] "Stack Overflow Developer Survey 2017" Stack Overflow, insights.stackoverflow.com/survey/2017#most-loved-dreaded-and-wanted

언어를 이진법 코드로 변환하는 과정이 저수준 언어에 비해 더 까다롭기에 저수준 언어에 비해 처리 속도가 느립니다.

다음은 저수준 언어부터 고수준 언어까지 차례대로 정리한 것입니다.[24]

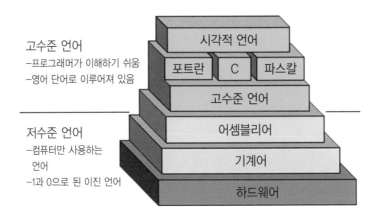

- 기계어 코드Machine Code는 가장 낮은 수준입니다.

- 어셈블리어Assembly Language는 컴퓨터가 수행할 작업을 알려줍니다. 이 또한 컴퓨터가 실행하기 위해서는 기계어 코드로 변환하는 과정이 필요합니다.

- C언어는 어셈블러Assembler보다 한 단계 높은 언어입니다. 인간의 언어처럼 추상적 단어를 사용할 수 있습니다. 고수준 언어로 분류할 수 있지만, 저수준 언어에 가깝습니다.

- C++은 C언어에 가상의 객체를 사용할 수 있는 클래스class[25] 개념이 추가된 것입니다.

- 자바 및 C#은 C++과 비슷한 수준의 고수준 언어이지만, C++에서는 수동으로 처리해야 하는 작업[26]을 자동으로 해주는 이점이 있습니다.

- 파이썬과 루비Ruby 는 사용자가 세세하게 코드를 작성하지 않아도 됩니다.

- SQL은 컴퓨터에게 어떤 결과를 도출해야하는지를 알려주기만 하면 스스로 가장 효율적인 방법을 찾아 실행하는 언어입니다. 이런 언어를 '선언형 프로그래밍 언어'라고 합니다.

---

[24] "Low, Mid, High Level Language, What's the Difference?" Stack Overflow, stackoverfl ow.com/questions/3468068/low-mid-high-level-language-whats-the-difference

[25] 클래스class는 프로그램 상의 객체object를 만들어 내는 일종의 가상 틀. C++에서 본격적으로 클래스의 개념이 도입된 후 많은 프로그래밍 언어에 적용됨.

[26] 예를 들어, 가비지 컬렉션garbage collection은 사용하지 않는 메모리를 다른 곳에서 쓸 수 있게 하는 기능으로, C++에서는 수동으로 해야 하지만 자바와 C#은 자동으로 처리가 됨.

다양한 언어가 존재하는 이유

프로그래밍 언어가 사람의 언어를 컴퓨터의 언어인 이진법으로 바꾸는 일을 하는 것이라면, 왜 이렇게 많은 언어가 존재하는 것일까요? 사실 많은 프로그래밍 언어는 서로 다른 용도와 장단점이 있습니다. 또 어떤 프로그래밍 언어는 다른 프로그래밍 언어의 문제를 해결하기 위해 만들어지기도 했습니다.

루비와 자바스크립트JavaScript는 웹 사이트를 만들기에 좋은 언어입니다. 자바와 C++은 데이터 처리 효율이 높아 금융 트레이딩에 사용되기도 합니다. 파이썬과 R은 데이터 분석에 특화되어있습니다.

프로그래밍 언어는 차량과 같습니다. 트랙터, 자전거, 전기자동차는 모두 '차'이지만, 우리는 용도에 따라 다른 종류의 차를 이용합니다. 루비나 자바스크립트로 데이터를 분석하거나 파이썬으로 금융 거래 플랫폼을 만들 수 있지만, 편의성과 안정성, 속도 면에서는 별로 좋은 선택이 아닙니다. 프로그래밍을 할 때는 원하는 작업에 맞는 언어를 사용하는 것이 좋습니다.

프로그래머는 자신의 선호도와 자신이 원하는 작업의 종류에 따라 사용할 언어를 결정합니다. 어떤 사람들은 자전거로 출근하는 것을 선호하고, 어떤 사람은 버스를, 어떤 사람은 직접 운전을 하여 가는 것을 좋아합니다. 프로그래머가 사용하는 언어를 보면 그 사람에 대한 많은 정보를 알 수 있습니다. 프로그래머 중에는 자신이 사용하는 언어를 매우 좋아하고 아끼는 사람들도 있습니다.

각 프로그래밍 언어는 고유한 디자인 철학을 가지고 있습니다. 예를 들어, 루비는 매우 유연한 언어입니다. 구문의 맞고 틀림이 없다고 말할 정도로 유연합니다. 하지만 자바는 규칙이 뚜렷한 '구조화 된 언어'입니다.

프론트엔드Frontend 및 백엔드Backend 프로그래밍 언어

웹 개발의 예를 통해 다양한 언어가 어떻게 사용되는지 알아보겠습니다. 프론트엔드[27] 개발은 디자인과 사용자의 상호작용이 중요합니다. 프론트엔드 개발을 위해 사용되는 언어는 다음과 같습니다.

- HTML
- CSS
- 자바스크립트

---

[27] 사용자가 보게 되는 결과물. 예를 들어, 웹 사이트의 경우 화면이 프론트엔드이다.

HTML은 Hyper Text Markup Language의 약자입니다. HTML은 웹 페이지의 구조를 만드는 데 사용합니다. CSS는 Cascading Style Sheets의 약지입니다. CSS는 웹 페이지를 디자인하고 모양을 만드는 데 사용합니다. 자바스크립트는 페이지의 기능과 사용자와의 상호작용을 만드는 데 사용합니다. HTML과 CSS는 엄밀히 말하면 프로그래밍 언어는 아닙니다. 이것은 마크업 언어라고 부릅니다. 뒤에서 더 자세히 설명하겠습니다.

백엔드[28] 프로그래밍은 웹 사이트가 동작하는 부분을 만들 때 사용합니다. 예를 들어, 웹 사이트에 로그인 할 때 ID와 패스워드를 입력하면 그것을 확인하여 로그인이 가능하게 하도록 하는 과정이나, '구입하기' 버튼을 눌렀을 때 결제창이 열려 구매 과정을 진행하도록 하는 것과 같이 웹 페이지의 '뒤에서' 일어나는 일들을 만듭니다.

또한 백엔드 프로그래밍 언어는 데이터를 저장하는 역할도 합니다. 웹 사이트에서 새로운 사용자 계정을 만들면 백엔드 프로그래밍으로 만든 과정을 통해 계정 정보가 저장됩니다. 이렇게 저장된 정보를 활용하여 사용자가 기존에 만든 ID로 로그인이 가능해집니다. 가장 많이 사용되는 백엔드 프로그래밍 언어는 다음과 같습니다.

- 자바
- PHP
- 루비
- 파이썬

데이터베이스를 다루는 언어에는 다음과 같은 것이 있습니다.

- MySQL
- MongoDB
- PostgreSQL

다시 정리하면, 코딩은 컴퓨터에 명령을 내리는 코드를 만드는 일입니다. 프로그래밍 언어는 사람이 작성한 코드를 컴퓨터가 이해할 수 있도록 해주는 언어입니다.

---

[28] 사용자가 입력한 정보를 처리하여 프론트엔드로 보내주는 역할. 보통 프론트엔드와 백엔드는 개발자가 다르다.

03

코딩을 시작하며 기억해야 할 원칙

컴퓨터에게 생각하는 방식을 가르치는 과정을 통해
아이도 자신이 사고하는 방식을 생각하기 시작합니다.

– 세이무어 퍼페트Seymour Papert

코딩을 배우는 것은 문제를 해결하고 컴퓨터와 의사소통하는 능력을 얻는 것입니다. 이 장에서는 퍼스트 코드 아카데미의 코딩 교육 커리큘럼을 구성하는 기본 원칙을 소개합니다.

'놀이'하듯 할 것

어린이와 청소년들은 놀이를 통해 인지적, 신체적, 사회적, 정서적으로 성장합니다. 놀이는 사회성을 길러주고 세상을 인식하는 눈을 갖게 해주며 세상과 상호작용을 할 수 있도록 합니다.

또한 놀이는 창의성을 표현하는 통로입니다. 아이는 자신이 습득한 정보를 종합하고 내면화하여 다양한 곳에서 활용합니다.

케네스 긴스버그 박사Kenneth R. Ginsburg, MD는 "놀이는 아이들이 창의력을 발휘하도록 돕고, 상상력과 손재주, 그리고 신체적, 인지적, 정서적 능력을 키울 수 있도록 합니다"[29]라고 말한바 있습니다.

메릴랜드 대학교의 학습 정책 및 리더십 담당 교수 올리비아 사라초[Olivia N. Saracho]는 "놀이는 어린 아이들에게 생각과 감정을 표현하게 하고, 세상에 대한 지식을 상징으로 이히고 실험할 수 있도록 하며, 배움의 과정에 도움을 준다"[30]고 말했습니다.

또한 아이는 놀이를 통해 당면한 문제를 해결하며 스스로 문제 해결자가 됩니다. 이처럼 놀이는 아이가 자신과 세상에 대한 인식을 확장할 수 있도록 하며, 그룹 놀이를 통해 상호작용을 배우고 그 안에서 자기 통제력을 배울 수 있도록 하는 좋은 방법입니다.

연습이 최고를 만든다

최고의 외국어 학습 방법이 연습인 것처럼, 코딩도 마찬가지로 연습을 통해 능숙해집니다. 외국어와 마찬가지로 코딩에도 왕도는 없습니다.

무엇을 만들지 생각하도록 할 것

악기나 노래를 배우기 전에 먼저 음표와 음계를 배워야합니다. 새로운 언어를 배우는 것도 마찬가지입니다. 언어를 배우려면 알파벳과 발음, 문법을 익혀야합니다. 코딩도 마찬가지입니다. 구문, 코딩환경, 디버깅 등의 개념을 배워야합니다. 하지만 더 중요한 것은 코딩을 통해 무엇을 만들 것인지를 생각하는 것입니다. 코딩은 목적을 이루는 수단일 뿐이기 때문입니다. 자신만의 포트폴리오를 담은 웹 사이트, 좋아하는 영화 캐릭터가 등장하는 게임 등 만들고자 하는 것을 정하고 시작하는 것이 좋습니다.

단순 암기가 아닌 문제 해결을 위한 사고력을 키울 것

코딩을 배우면서 마주하는 문제는 여러 가지가 있습니다. 만들고자 하는 프로그램의 목적이 다르기에 고려해야 할 사항도 많습니다. 시각 장애인을 위한 소셜미디어 앱을 만들고 싶을 수도 있고, 강아지를 키우는 사람들을 위해 가까운 펫샵을 찾을 수 있도록 돕는 앱을 만들고 싶을 수도 있습니다. 이 두 가지 프로젝트는 완전히 다른 코드와 알고리즘을 사용해야 합니다.

---

[29] Partners In Learning. http://performancepyramid.miamioh.edu/node/1119

[30] Ibid.

암기가 코딩에 도움이 되는 경우는 거의 없습니다. 사실 구문도 외울 필요가 없습니다. 기본적인 구문만 알고 있다면, 필요한 코드를 인터넷에서 찾아 적용하면 됩니다. 코딩의 핵심은 문제 해결을 위한 방법을 찾는 사고력입니다.

컴퓨팅 사고Computational Thinking는 다음 네 가지로 구분할 수 있습니다.

- 분해Decomposition
- 패턴 인식Pattern Recognition
- 패턴 일반화 및 추상화Pattern Generalization and Abstraction
- 알고리즘 설계Algorithm Design

컴퓨팅 사고

코딩은 "컴퓨팅 사고력"의 원리를 가르칩니다. 컴퓨팅 사고는 카네기멜론 대학의 교수인 자넷 윙Jeannette Wing이 만든 용어로, 생각을 구조화하고 논리적으로 전달하는 능력을 말합니다. 컴퓨팅 사고는 프로그래밍뿐만 아니라 개념화에도 적용됩니다. 문제 해결 단계에서 추상화 능력을 바탕으로 아이디어를 코드로 바꾸는 것입니다.

컴퓨팅 사고는 생물학 및 인간 게놈 연구, 마케팅 및 광고, 평점 서비스, 그래픽 모델링 등 다양한 산업에 적용할 수 있습니다[31].

한 가지를 깊게 가르칠 것

많은 프로그래밍 언어 중 무엇을 배워야 할지 혼란스러울 수 있습니다. 어떤 부모는 여러 언어를 동시에 배우는 것이 좋지 않겠냐고 묻기도 합니다. 하지만 그렇지 않습니다. 코딩을 배울 때는 여러 가지를 조금씩 하는 것보다 한 가지를 깊게 배우는 것이 도움이 됩니다.

하나의 언어를 잘 습득하는 것이 10가지 언어를 조금씩 아는 것보다 훨씬 좋습니다. 첫 번째 언어를 습득하는 것은 시간이 오래 걸리지만, 첫 번째 언어가 익숙해진 후에 다른 언어를 배우는 것은 어렵지 않습니다. 많은 프로그래머들이 첫 번째 언어를 배울 때 두어 달이 걸리지만, 이후 다른 언어를 배울 땐 몇 주면 충분하다고 말합니다. 아이들도 마찬가지입니다. 처음 프로그래밍 언어를 배울 땐, 해당 언어의 구문 뿐만 아니라 프로그램의 구조와 코딩 원리까지 함께 배워야 하기 때문에

---

[31] Wing, Jeannette M. "Computational Thinking." Communications of the ACM, 2006.

시간이 오래 걸리는 것처럼 보일 수 있습니다. 하지만 이것을 배우고나면 기본기가 생기기 때문에 이후의 학습은 훨씬 수월해집니다. 각 연령대에 적합한 언어에 대해서는 뒤에서 소개하겠습니다.

기본 개념을 이해할 것

새로운 프로그래밍 언어들이 빠른 속도로 등장하고 있기 때문에, 지금 어떤 언어를 배웠다고 해서 그 언어가 앞으로 시장에서 계속 사용될지는 알 수 없습니다. 따라서 특정 언어의 사용법을 익히는 것보다 기본 개념을 완전히 익히도록 하는 것이 훨씬 더 중요합니다.

학습 능력과 의지를 키우자

계속 언급하지만 프로그래밍 언어는 빠르게 변합니다. 앞으로도 계속 그럴 것입니다. 그렇기에 코딩을 배우는 것은 항상 흥미로울 것이라 할 수 있겠습니다. 대부분의 소프트웨어 엔지니어 전문가들은 포럼 및 스택오버플로우Stack Overflow, 해커뉴스Hacker News, 깃헙Github와 같은 코드 공유 사이트에 자주 방문하여 자신의 코드를 공유하고 새로운 기술에 대한 정보를 얻습니다.

하지만 아이들이 코딩에 입문할 땐, 먼저 스스로 찾아 해결하는 능력을 키우도록 해야합니다. 다시 말해서 아이가 한 가지 방법을 배웠다면, 그 방법 외에 또 다른 새로운 방법을 스스로 찾는 능력을 키워줘야 합니다. 이렇게 스스로 새로운 방식을 찾게 되었을 때가 바로 코딩에 익숙해진 때라고 할 수 있습니다. 코딩에 익숙해지기 위해서는 첫 번째로 배운 언어를 능숙하게 쓸 수 있어야하고, 개념을 확실히 알고 있어야하며, 이를 두 번째 언어 학습에 적용시킬 수 있는 정도가 되어야 합니다.

이는 단순히 프로그래밍 언어를 배우는 것에만 국한되는 능력이 아닙니다. 시대의 변화가 매우 빠르게 진행되는 이 때, 환경을 이해하고 적응하기 위해 습득한 지식을 바탕으로 새로운 방식을 찾아내고, 새로운 환경에 적용하는 능력은 필수적입니다.

먼저 배워야 하는 언어

프로그래밍 언어를 배우는 것은 단계적 학습 과정이 필요합니다. 기본 구문으로 시작하여 코드 작성 방법, 변수 및 함수 정의 방법과 같이 점진적으로 올라가야 합니다. 이렇게 하나의 언어를 배우고 나면 그 후에 다른 언어를 습득하도록 합니다. 두 개 이상의 언어를 알게 되면, 더 다양한 방식을 활용할 수 있게 됩니다. 예를 들어보겠습니다.

- C는 컴퓨터가 메모리를 관리하는 방식을 배우는데 도움이 됩니다.
- C++은 게임 개발에 적합합니다.
- 파이썬은 과학 및 통계 분야에서 주로 사용됩니다.
- 자바스크립트는 웹 기반 응용프로그램을 만드는데 적합합니다.
- 자바는 자바스크립트와 파이썬에 조금 밀려있는 형국이지만, 큰 IT 회사에서는 여전히 자바를 다룰 수 있는 능력을 필요로 합니다.

그렇기에 두 가지 이상의 언어를 다룰 수 있다면 다양한 상황에 맞는 프로그램을 만들 수 있는 소프트웨어 개발자가 될 수 있습니다.

하지만 각 연령대별로 적합한 언어가 있습니다. 연령에 맞는 언어를 배우는 것은 학습에 도움이 됩니다. 간혹 어떤 부모들은 아이가 어린 나이에 파이썬과 같은 언어를 배우기를 원합니다. 그러나 이런 방식의 교육은 아이들이 코딩 자체에 흥미를 잃게 만들 수 있습니다.

나이에 적합한 언어에 대해서는 코딩 교육 전문가에게 문의하는 것이 도움이 됩니다. 이 책의 2부에서 이를 자세히 소개할 것입니다.

길게 이야기했지만, 이 두 가지만 꼭 기억해주시기 바랍니다.

- 어떤 프로그래밍 언어도 다른 언어보다 절대적으로 우월하지 않습니다.
- 프로그래밍을 배우려면 먼저 한 가지 언어를 능숙하게 다룰 수 있도록 익히는 것이 중요합니다.

가능한 한 빨리 코딩을 시작하는 것이 좋습니다. 코딩은 아이들이 세상을 바라보는 시야를 넓혀주고, 여러 개념을 쉽게 이해할 수 있도록 해주기 때문입니다. 코딩을 배우면 스마트폰으로 그저 동영상을 보거나 게임만 하는 것이 아니라, 스스로 사용하고 싶은 프로그램을 개발하고자 하는 의지가 생깁니다. 매우 중요한 변화입니다.

코딩은 프로그램을 만드는 것뿐만 아니라, 문제 해결 능력을 키울 수 있습니다. 앞으로는 암기 능력보다 문제 해결력이 중요해질 것입니다. 스스로 학습하려는 의지가 있고, 문제 해결력을 갖춘 사람이라면 훌륭한 코더가 되는 것은 물론이고, 건강한 사회 구성원 또한 될 것입니다. 코딩은 사고를 유연하게 합니다. 지속적으로 변화하는 사회에서 사고의 유연성은 큰 자산이 될 것입니다.

04

코딩을 배우면 얻게 되는 것들

컴퓨터 과학 교수는 신입생들에게 "컴퓨터 과학자처럼 생각하는 방법"을 가르쳐야합니다.
그리고 이 과목은 모두에게 열려야 합니다.

– 자넷 윙

문제 해결 방법

컴퓨터 프로그래밍의 본질은 문제 해결입니다. 예를 들어, 어떤 사람이 단어의 철자를 뒤집는 프로그램을 만들고 싶다고 해봅시다. ABCDE를 입력하면 EDCBA가 출력되는 프로그램이 될 것입니다. 이 프로그램을 만들기 위해서 가장 먼저 해야 할 것은 문제를 분석하는 것입니다.

문제 해결에는 분석과 창의라는 두 가지 유형의 사고 기술이 필요합니다. 분석적 사고는 문제를 논리에 따라 단계적으로 나누는 기술입니다. 문제에 대한 데이터를 수집하고 관찰하여 어떤 것이 문제인지를 찾습니다. 다양한 각도에서 문제를 보기 위해 다른 사람들과 함께 검토하기도 합니다. 이런 과정을 통해 나온 결과를 정리하여 가장 효과적이고 실현 가능한 해결책을 선택합니다.

구체적으로 시각 장애인을 위한 소셜 미디어 앱을 만든다고 해봅시다.

1. 가장 먼저 해야 할 것은 시각 장애인이 소셜 미디어 앱 사용에서 겪는 문제가 무엇인지, 어떤 한계가 있는지를 분석하는 것입니다. 시각 장애인에게 특히 필요한 것이 무엇인지를 사용자를 통해 객관적으로 확인해야합니다. 왜 기존의 방식이 적합하지 않은지, 기존의 방식이 사용자의 요구를 충족시키지 못한 부분은 무엇인지를 적극적으로 듣고 수용하여 문제 속으로 들어가야 합니다.

2. 이후 이 문제에 대해 가능한 해결책을 모두 정리해봅니다. 화이트보드와 같은 큰 판을 활용할 수 있습니다. 필요성을 느끼는 사람의 입장에서 브레인스토밍을 합니다.

3. 이후 다양하게 제시된 해결책을 평가합니다. 의견을 낸 사람들이 함께 토론하고 협력하여 실제 사용자와 함께 테스트를 할 수 있습니다. 이 과정에서 내가 낸 의견이 선택되지 않을 수 있습니다. 하지만 중요한 것은 실제 사용자가 가장 좋은 반응을 보인 것이 가장 좋은 해결책이라는 것입니다.

4. 이렇게 선택된 해결 방법을 실제로 구현합니다. 앞에서 했던 과정들을 기반으로 단계적으로 프로그램을 짜봅니다. 프로그램을 차례대로 확인하면서 제기된 문제들이 해결되었는지 확인해봅니다.

이와 같은 과정은 분석적, 논리적 사고력을 훈련할 수 있습니다.

창의성을 키워주는 코딩

앞서 말한 분석적, 논리적 사고는 수렴적 사고입니다. 반면 창의성은 발산적 사고입니다. 새로운 방식으로 세상을 인식하고, 숨겨진 규칙을 찾아내고, 관련이 없어 보이는 것들 사이에 있는 공통점을 찾아내고, 해결책을 만들어내는 능력입니다. 분석적인 면과 창의적인 면 모두가 문제 해결에 필요합니다.

창의성은 문제 해결을 위한 기술의 핵심입니다. 문제 해결을 위해서는 분석적이어야 하는 동시에 다양한 방식을 생각할 수 있어야 하기 때문입니다.

앞서 설명한 문제 해결의 단계 중 두 번째는 다양한 해결방안을 제시하는 것입니다. 이 과정에서 요구되는 것이 창의력입니다. 창의력을 예술적 능력과 연결지어 생각하는 경우가 많지만, 모든 사람은 창의력을 가지고 있습니다. 그리고 이 능력은 후천적으로 키울 수 있습니다. 누구나 실험하고, 가정하고, 의문을 제기하고, 불확실함을 견디는 방법을 배우면서 창의력을 키울 수 있습니다.

시각 장애인을 위한 앱의 예를 통해 알 수 있지만, 창의성이 없다면 프로그램을 만드는 것은 거의 불가능한 일입니다. 왜냐하면 개발자는 시각 장애인의 입장에서 최대한 가능한 모든 것을 생각해야 하기 때문입니다. 앱이 스스로 사용자에게 맞게 작동할 수 없습니다. 그렇다면 시각 장애인에게 맞게 앱을 만드는 방법 뿐입니다.

앞서 말했듯, 코딩은 기술이라는 캔버스를 칠하는 붓입니다. 빈 캔버스를 처음 대하면 막막할 수 있습니다. 모든 방식이 가능하기에 오히려 어떤 방식으로 접근해야할지 알기가 어려운 것입니다. 하지만 당면한 문제 해결을 위한 가장 적합한 방식이 무엇인지를 아는 사람은 그림을 시작할 수 있습니다. 더 나아가 여기에 다양한 시도를 더할 수 있기도 합니다. 이처럼 코딩은 창의적이면서 논리적 사고를 할 수 있도록 해줍니다. 이 능력은 아이가 살아갈 테크놀로지 시대에 반드시 필요합니다.

직업 기술

현대 사회에는 기술 산업 시장이 활짝 열려있습니다. 컴티아^{CompTIA}가 매년 발행하는 국가 산업 분석 보고서인 사이버 스테이츠$^{Cyberstates™}$가 2018년 발표한 자료에 따르면, 기술 산업은 국가 경제 기반을 이루는 큰 구성요소 중 하나입니다. 2017년 미국의 기술 산업 일자리는 거의 20만개가 증가했고, 약 천백오십만명의 사람들이 이 분야에서 일하고 있습니다.

미국 노동청 통계에 따르면 기술 산업 일자리는 2010년 이후 매년 20만 개씩 증가하고 있으며, 2026년에는 62만 개씩 증가할 것으로 예상됩니다. 미국 전역에서 신기술과 관련된 채용 공고는 전년 대비 27% 증가했습니다. 지금도 기업들은 사물인터넷, 인공지능, 머신러닝, 자율주행차량, 증강현실 및 가상현실과 같은 분야의 채용을 확대하고 있습니다.[32]

미래를 보는 창

더 나아가 프로그래밍은 단순히 직업 기술이 아니라 삶의 기술입니다. 애플^{Apple}의 최고 경영자 팀 쿡$^{Tim Cook}$은 최근 제2외국어로 영어를 배우는 것보다 코딩을 배우는 것이 더 중요하다고 말했습니다.

"내가 10세의 프랑스 학생이라면, 영어보다 코딩을 배우는 것이 좋을 것입니다. 영어를 배우지 말라는 것이 아닙니다. 그렇지만 코딩은 전 세계 70억 명의 사람들에게 자신을 표현할 수 있는 언어입니다."[33]

---

[32] Wing, Jeannette M. "Computational Thinking." Communications of the ACM, 2006.

[33] Clifford, Catherine. "Apple CEO Tim Cook: Learn to Code, It's More Important than English as a Second Language." CNBC, CNBC, 12 Oct. 2017. www.cnbc.com/2017/10/12/apple-ceo-tim-cook-learning-to-code-is-so-important.html

모든 아이들이 기술 산업 분야에서 일하고 싶어 하는 것은 아닙니다. 의사나 패션 디자이너, 야생동물 보호가가 꿈인 아이들도 있습니다. 코딩은 이러한 꿈을 가진 아이들에게도 필요합니다.

- 8세에 코딩을 시작한 사라는 패션 디자이너가 되고 싶었습니다. 사라가 코딩을 배운 이유는 단지 아버지가 코딩 수업을 등록했기 때문이었습니다. 그러나 사라는 코딩을 배우며 프로그래밍의 힘을 발견했습니다. 사라는 이제 자신만의 브랜드에서 사용할 e-패브릭을 만들고 싶어 하고, 코딩을 활용하여 모델이 움직이면 조명이 켜지도록 쇼를 구상하고 싶어 합니다.

- 마찬가지로 8세에 코딩을 시작한 안나는 성평등의 중요성을 알리는 앱을 만들었습니다. 그녀는 6학년때 성별에 따른 편견을 퀴즈 형식으로 알아보는 프로그램을 학기말 프로젝트로 만들었습니다. '분홍색을 좋아한다', '테일러 스위프트를 좋아한다', '자동차를 좋아한다' 등과 같은 문장을 보여주고, 이 말을 한 사람의 성별을 맞추도록 하는 프로그램입니다. 답을 입력하면 해당 문장을 실제로 말한 사람을 보여줍니다.

- 고등학교에서 만난 브라이언과 브랜든은 패션에 관심이 많습니다. 그래서 이들은 자신의 옷장을 정리하고, 코디를 도와주고, 친구들과 패션 정보를 공유할 수 있는 앱을 만들었습니다.

이런 프로젝트 외에도 컴퓨터 프로그래밍은 다양한 산업에서 경쟁력을 키우기 위해 사용됩니다. 마크 안데르센Marc Andreessen은 안데르센 호로위츠Andreessen Horowitz의 벤처 투자자이자 인터넷 브라우저 개발사인 넷스케이프Netscape의 설립자입니다. 그는 2011년에 앞으로는 소프트웨어 프로그래밍 도구의 등장, 인터넷 기반 서비스의 발달, 전 세계적인 스마트폰 사용자 증가로 인해 많은 산업 분야에서 새로운 글로벌 소프트웨어 스타트업이 등장할 수 있다고 했습니다. 실제로 온라인 서점으로 시작한 아마존Amazon은 대형 서점 보더스Borders를 제치고 가장 큰 서점이 되었고, 넷플릭스Netflix는 오프라인 비디오 대여점인 블록버스터Blockbuster를 완전히 대체했으며 애플뮤직Apple Music과 스포티파이Spotify는 음악 산업의 수익 구조를 지배하고 있는 현상을 예로 들었습니다.

코딩은 단순히 애플이나 페이스북Facebook에서 일 하기 위해 필요한 기술이 아닙니다. 코딩은 미래 세대를 읽는 능력입니다. 세상을 이해하는 렌즈입니다. 코딩을 배우면 새로운 시각이 생깁니다. 일상생활에서 뿐만 아니라 자신의 꿈과 미래에도 새로운 가능성이 생깁니다.

2부

연령별 코딩 학습법

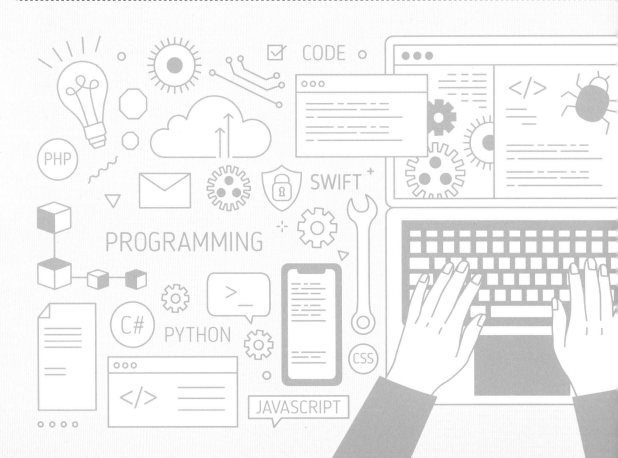

[일러두기]
• 2부에서 소개하는 활동은 별도의 준비물이 필요
  합니다.
• 각 활동의 준비물은 오픈마켓 등에서 구입하실
  수 있습니다.

05

지금 코딩을 배운다는 것

오늘날 젊은이들은 새로운 기술을 사용하는 것에는 익숙하지만 그 기술을 사용하여 자신을 표현하는 사람은 거의 없습니다. 이것은 마치 읽을 수는 있지만 쓸 수는 없는 것과 같습니다.

— 미치 레즈닉Mitch Resnick

코딩을 배우는 방법도 과거와는 달라졌습니다. 새로운 프로그래밍 언어들이 많이 등장하기도 했지만, 이제는 쉬운 언어와 더불어 쉬운 도구도 개발되어 코딩을 쉽게 배울 수 있습니다. 과거에는 초보자가 프로그래밍을 배우는 것이 쉽지 않았습니다. 10년 전까지만 해도 대부분의 언어가 구문 기반이었기에 모두 입력해야했고, 프로그래밍을 위한 개발환경을 설정하는 것도 쉽지 않았습니다. 그러나 이제는 스크래치Scratch나 앱 인벤터와 같은 '블록 기반 언어'가 등장했습니다. 블록 기반 언어는 초보자나 키보드 입력이 빠르지 않은 아이들이 사용하기에 적합합니다.

블록 기반 언어가 등장한 것은 아직 10년도 되지 않았습니다. 지금 코딩을 배우고자 하는 이들은 이 새로운 도구를 통해 입력의 어려움이나 프로그래밍 언어의 구문에 정확하게 맞는 문법을 구사하는 것에 신경쓰지 않으면서 자신만의 게임이나 웹 사이트를 만들 수 있습니다. 블록 기반 언어를 활용하면 불과 한 시간 안에도 무엇인가를 만들어 낼 수도 있습니다.

블록 기반 프로그래밍 언어

대부분의 프로그래밍 언어는 구문 기반이기 때문에 코드를 처음부터 하나씩 입력해야합니다. 문자나 기호는 줄을 맞춰 작성해야합니다. 세미콜론(;)이 하나라도 빠지면 오류가 발생합니다. 사소한 오타가 있어도 마찬가지입니다. 따라서 어느 정도의 영어실력은 기본이고, 구분에 대한 이해가 필요합니다.

이런 방식은 아이들에게는 어렵습니다. 그래서 코딩에 좀 더 쉽게 접근할 수 있도록 MIT와 같은 기관에서는 블록 기반 프로그래밍 언어(이하 블록코딩)를 개발했습니다. 블록코딩은 말 그대로 특정 명령을 담은 코드 블록을 배치하기만 하면 됩니다. 각 블록은 색상별로 되어 있어서 직관적입니다. 구문 기반 언어는 입력에 많은 시간이 걸리지만, 블록코딩은 간단한 동작만으로도 코딩이 가능합니다. 더불어 쉽게 결과물을 낼 수 있기 때문에, 성취감을 느낄 수 있고, 이를 통해 코딩에 흥미를 가질 수 있습니다.

아래 그림은 블록 기반 언어와 구문 기반 언어의 차이를 보여줍니다. 두 코드 모두 사용자가 녹색 깃발을 클릭하면 스프라이트[34]가 90도 방향으로 돌아 5초 동안 50픽셀씩 네 번 반복하여 이동하는 결과를 도출합니다.

---

[34] Sprite, 스크래치에서 화면에 나타나는 캐릭터

```
$(document).ready(function(){
  var @sprite = @('.sprite');
  var xOffset = parseInt($('.sprite').css('left').
    replace(/px/, ''), 10);
  var yOffset = parseInt($('.sprite').css('top').
    replace(/px/, ''), 10);
  var i;

  for (i = 0, i < 4, i++) {
    xOffset += 50,
    yOffset -= 50,
    $sprite.animate({
      left: xOffset
    }).aminate({
      top: yOffset
    });
  }
});
```

블록 기반 언어에서는 오류가 잘 생기지 않기 때문에, 초보자나 어린이 모두 쉽게 사용할 수 있습니다. 블록이 서로 끼워지지 않으면 실행되지 않을 뿐입니다. 반면, 오른쪽의 자바스크립트에서는 대괄호를 빠뜨리면 실행되지 않습니다. 구문 기반 언어는 복잡하고 정확히 써야 합니다. 코드가 실행되지 않으면 디버깅을 해야 하기도 합니다.

나이에 맞는 프로그래밍 언어를 사용하는 이유는, 학습자가 자신이 배운 언어로 원하는 프로젝트를 구현할 수 있어야 하기 때문입니다. 결과물이 도출되는 것이 중요합니다. 따라서 6~8세 아동에게는 구문 언어보다 블록 언어가 좋습니다. 블록 언어 역시 논리적 사고와 창의력을 필요로 하기 때문에, 코딩 학습을 통해 얻을 수 있는 효과는 동일합니다.

연령대별 권장 사항

각 연령대별로 코딩에 처음 입문하는 아이들을 위한 로드맵을 요약하면 다음과 같습니다.

- 4~5세: 큐베토Cubetto, 오스모Osmo Coding, 오조봇Ozobot, 일렉트릭도우Electric Dough가 좋습니다. 이 교구는 컴퓨터나 태블릿PC가 없어도 코딩 개념을 배울 수 있습니다. 어린 나이에 스마트 기기를 사용하는 것을 염려하는 부모에게 추천합니다.

- 6~8세: 스크래치 주니어Scratch Jr, 대쉬Dash, 스크래치Scratch, 마인크래프트Minecraft같은 프로그램 및 교구를 사용하는 것을 추천합니다. 이 언어 및 프로그램은 모든 구문을 입력할 필요가 없고, 아이가 컴퓨터와 상호작용을 하는데 도움을 줍니다. 대쉬는 태블릿PC로 코딩하여 작동시키는 로봇입니다. 마인크래프트는 가상 세계에서 자신이 원하는 것을 만들고 탐색할 수 있는 게임입니다. 이 연령대의 교육 도구는 그래픽 중심이며, 놀이에 가깝습니다.

- 9~11세: 앱 인벤터, 자바 프로세싱Java Processing, HTML, CSS, 자바스크립트를 추천합니다. 앱 인벤터는 구문을 입력하지 않고 만들 수 있다는 면에서 스크래치와 유사합니다. 자바스크립트는 구문 기반 언어 입문으로 적절합니다. 이 언어는 시각적이지만 구문 기반 언어이기 때문에 직접 입력하는 작업이 필요합니다.

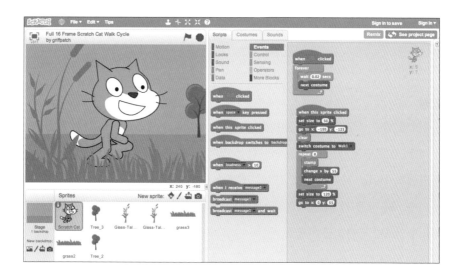

- 12세 이상: 자바스크립트에 익숙해졌다면, 파이썬, 스위프트Swift, 유니티Unity를 활용한 게임 개발을 추천합니다. 파이썬은 많은 회사 뿐 아니라 대학의 컴퓨터 과학 입문 과목에서도 활용하는 언어입니다. 파이썬 코드는 읽기 쉽고, 개발 환경 설정도 어렵지 않습니다. 자바스크립트보다는 시각적이지 않지만, 기본 개념을 익힌 중고등학생이 배우기에는 좋은 언어입니다. 스위프트는 애플이 개발한 언어입니다. 애플이 만든 OS 에서 작동하는 프로그램을 만드는 것에 특화되어있습니다. 유니티는 2D 및 3D게임, C# 및 자바스크립트 게임을 만들 수 있는 언어입니다. 스위프트와 유니티는 파이썬이나 자바스크립트같은 언어를 배운 후에 익히는 것을 추천합니다. 둘 다 중급 프로그래밍 언어로 분류됩니다.

• 15세 이상: 새로운 언어보다 컴퓨터 과학이 다루는 주제인 디자인 사고Design Thinking 및 인공지능에 대해 공부하는 것을 추천합니다. 디자인 사고는 실생활의 문제를 해결하는 능력을 키워주기 때문에 프로그래밍을 본격적으로 배우려는 고등학생에게 도움이 됩니다. 인공지능은 앞으로의 발전 가능성이 무궁무진하기 때문에, 개념과 인공지능 활용의 장단점을 미리 학습하고 이해하는 것이 좋습니다.

위 프로그램 및 언어를 추천한 이유는 다음과 같습니다.

지속성과 연관성

대다수의 프로그래밍 언어는 시간이 지나면서 점차 사용 빈도가 줄어듭니다. 새로운 언어와 도구에 밀려나게 되기 때문입니다. 그러나 앞에서 추천한 언어들은 공신력 있는 기관이 개발한 언어거나 오픈소스Open Source[35]입니다. 따라서 기술의 변화에 맞춰 지속적으로 업데이트 될 가능성이 높습니다.

연령 적합성

컴퓨터 과학의 핵심 개념을 제대로 파악하기 위해서는 학습 능률을 저해하는 것들을 최소화해야 합니다. 따라서 연령에 맞는 방식을 사용하는 것이 중요합니다. 어린 나이에는 구문 작성이 학습 능률을 떨어뜨립니다. 따라서 블록코딩이 적합합니다. 이렇게 핵심 개념을 확실히 익혀두면 이후 구문 언어를 사용하게 될 때도 직관적으로 이해할 수 있습니다. 쉬운 방식에서 점차 어려운 방식으로 배워야 기초가 탄탄해집니다.

창의성

프로그래밍은 기본적으로 창의력을 필요로 하는 활동입니다. 따라서 아이가 자신의 창의성을 표현할 수 있는 도구를 선택하는 것이 무엇보다 중요합니다. 로봇, 앱, 웹 사이트, 마인크래프트와 같은 게임 등 학습자가 재밌어하는 도구를 선택해야합니다.

---

[35] 소스코드가 공개되어있어 누구나 수정하고 발전시킬 수 있음

코딩 학습의 핵심 원칙

코딩을 배우는 과정에서는 다음과 같은 원칙이 중요합니다.

프로젝트 기반 학습

프로젝트 기반 학습은 학습자가 무엇인가를 만들어내는 과정을 강조하는 방법입니다. 단순히 구문을 활용하는 것이 아닌, 프로젝트의 결과를 만들어내는 것이 중요합니다. 프로그래밍 언어의 사용법을 배우는 것이 프로그래밍 학습의 목적이 되지 않도록 해야 합니다. 언어가 사람의 생각을 전달하는 도구인 것처럼, 프로그래밍 언어 역시 컴퓨터를 사용하여 자신의 생각을 표현하는 도구입니다. 코딩의 목적은 아이디어를 모바일 앱, 웹 프로그램, 증강현실 등 여러 가지 방식으로 현실화 시키는 것입니다.

유연성 키우기

프로그래밍 학습 과정에서 오류를 만난 경우, 유연하게 대처하는 것이 중요합니다. 코딩을 하다 보면 필연적으로 디버깅을 해야 하는 경우가 생깁니다. 디버깅은 문제를 해결하는 필수 기술이지만, 썩 즐거운 일은 아닙니다. 특히 나이가 어릴수록 이 작업을 어려워합니다. 이미 다 만들어진 프로그램을 사용하거나 주어지는 콘텐츠를 수동적으로 소비하는 것에 익숙해져 있기 때문입니다. 그렇기에 디버깅 작업에 잘 대처하도록 연습해야합니다. 이 과정에서 아이들은 인내와 유연한 사고를 배웁니다. 문제를 해결하기 위해 집중하는 법도 함께 배우게 됩니다.

스스로 학습하는 방법 익히기

프로그래밍 언어는 계속 새로워집니다. 한두 해가 지나면 새로운 언어가 등장합니다. 이렇게 빠르게 변화하는 환경에 적응하기 위해 과거의 지식에 새로운 지식을 결합하는 방법을 익혀야합니다. 그리고 이 과정을 스스로 할 수 있는 능력이 무엇보다 중요합니다. 코딩은 이 능력을 키워줍니다.

이해의 깊이

첫 번째 프로그래밍 언어를 배우는 것은 오랜 시간이 걸립니다. 하지만 첫 번째 언어를 스스로 프로젝트를 만들어 결과물을 낼 수 있을 정도까지 배우면, 이후 새로운 언어를 습득하는 것은 훨씬 쉬워집니다. 이를 위해 개념을 잘 배우도록 하는 것이 중요합니다.

커뮤니티 기반 사고방식

단순히 프로그램을 만드는 것이 아닌, 코딩을 통해 이웃과 주변 지역의 문제 해결을 도울 수 있도록 해야 합니다. 어떤 학생들은 휠체어를 타고 지하철역에 진입하는 것이 어렵다는 문제를 발견하고, 휠체어로 출입이 가능한 지하철 입구를 알려주는 앱을 만들었습니다. 이 앱은 8~15세 어린이 청소년을 대상으로 하는 앱 재밍 서밋^{AppJamming Summit}에서 상을 받기도 했습니다.

또 다른 나이지리아의 학생들은 가짜 의약품을 식별하는데 도움을 주는 가짜 약 탐지기를 만들었습니다. 이 앱은 의약품 바코드를 확인하여 약의 진위여부와 유통기한을 알려주는 기능을 합니다. 이들은 이 앱으로 2018년 위너 오브 테크노베이션^{Winner of Technovation}에서 입상했습니다.

06

4~5세를 위한 코딩: 놀이

새로운 것을 만들어내는 능력은 지성에 있지 않습니다.
놀고자 하는 본능이 새로운 것을 만들어냅니다.

– 칼 융

4~5세 아이는 물체를 만지고, 보고, 느낍니다. 상상력을 바탕으로 물체에 생명을 불어넣기도 합니다. 그렇기에 이 연령의 아이에게는 실제로 가지고 놀 수 있는 교구를 활용한 코딩 개념 학습이 필요합니다.

아동 발달 이론으로 유명한 심리학자인 장 피아제Jean Piaget에 따르면, 2~7세의 아동은 상상력이 매우 뛰어나 환상을 만들며 놀이를 한다고 합니다. 자라면서 점점 그 놀이에 구조가 갖춰지고 더 많은 캐릭터가 등장하며, 규칙이 추가되는 변화가 생깁니다. 피아제는 놀이가 단순히 재미를 위한 것 뿐만 아니라 두뇌 발달에 중요한 영향을 미친다고 했습니다.

어린이의 놀이는 단순히 아이의 경험을 재현하는 것이 아닙니다.

놀이는 아이가 자신이 받은 인상을 창조적으로 재해석하는 작업입니다.

– 레브 비고츠키

아이는 경험을 통해 습득한 지식을 행동에 반영합니다. 눈으로 본 것을 바탕으로 이야기를 만들고, 누군가의 행동을 보고 그것을 모방하며 내면화합니다. 움직임, 상상력이 자기 주도적 놀이를 구성합니다.

코딩은 꽤 추상적인 개념이기에 적절한 교구와 스토리텔링을 이용하여 개념을 구체화 시킬 수 있도록 하는 것이 좋습니다.

학습 목표

이 연령의 아이들에게는 코딩에 관심을 갖도록 하는 것이 가장 중요합니다. 코딩이 마치 재미있는 마법같은 것으로 인식되도록 하는 것이 필요합니다. 자신이 상상하는 것을 코딩을 통해 구현하여 결과물을 실제로 접할 수 있도록 하고, 그를 통해 성취감을 느낄 수 있도록 해야 합니다.

좀 더 구체적인 세 가지 교육 목표는 다음과 같습니다.

놀이를 통해 배우기

로봇의 움직임을 관찰하고(관찰), 과거 로봇의 움직임을 기억해내고(인지), 자신이 코딩한대로 움직이고 있음을 이해하고(해석), 로봇의 다음 행동을 예측하고(인식), 원하는 결과대로 이끌어갈 수 있는 능력(자기표현)을 배우도록 합니다.

로봇을 목표대로 움직이기

교사의 안내에 따라 로봇이 자신의 의도대로 움직이도록 프로그래밍합니다. 이 과정에서 반복 실행, 함수 선언 등의 개념을 배우고 실제 활용하도록 합니다.

코딩 이해

코딩 블록을 배열하며 로봇에게 명령을 내리는 과정을 통해 코딩의 개념을 이해하도록 합니다. 이 과정은 간단한 코드 작성과 해석, 오류를 해결하는 방법을 익힐 수 있도록 합니다.

부모의 역할: 함께하기

이 연령의 아이에게는 놀이가 곧 학습입니다. 따라서 부모가 함께 이 놀이에 참여하여 함께 관심을 기울여주는 것이 좋습니다. 특히 이 연령에서 활용하는 도구는 로봇이나 기타 물리적 도구들이기 때문에, 온 가족이 함께 할 수 있습니다. 아이와 같이 코딩을 하는 것은 아이에게 긍정적 경험이 될 수 있습니다.

프로그래밍 도구

큐베토

큐베토는 나무 상자같이 생긴 작은 직육면체의 로봇입니다. 큐베토를 만든 프리모 토이스^{Primo} ^{Toys}의 창립자 필리포 야콥^{Philippo Jacob}은 "내가 아버지가 된다는 것을 알게 되었을 때, 아이들에게 잠재력을 키워줄 수 있는 장난감을 만들어 주고 싶었습니다"라고 했습니다.

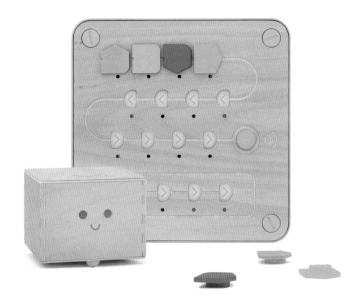

큐베토는 몬테소리 이론과 로고 거북^{Logo Turtle36}을 기반으로 만들어졌습니다. 큐베토는 작은 바퀴가 달린 로봇입니다. 아이는 나무판 위에 여러 가지 색의 블록을 놓아 큐베토에게 명령을 내립니

---

36 1960년대 개발된 '로고'라는 언어를 사용하여 화면에서 거북이를 움직이도록 하는 아동용 프로그램

다. 각 블록은 색에 따라 다른 기능을 합니다. 아이가 판에 블록을 배열하고 버튼을 누르면, 큐베토는 배치된 명령에 따라 움직입니다.

큐베토는 아이가 컴퓨터 없이도 로봇을 프로그래밍 할 수 있도록 하는 코딩 교구입니다. 아이는 큐베토를 통해 자신이 생각하는대로 움직이는 로봇을 보며 마법같은 경험을 합니다. 이 경험은 코딩이 컴퓨터에 자신이 원하는 바를 구현하는 것이라는 프로그래밍의 핵심 개념을 배울 수 있습니다.

프로젝트 **여행하는 큐베토**

아이들은 이야기를 좋아합니다. 따라서 큐베토와 이야기를 접목시키면 코딩 학습에 도움이 됩니다. 이 연령대의 아이는 상상력이 풍부하고, 그 상상력을 바탕으로 친구를 창조해내기도 합니다.

> **시간:** 30~45분
> **준비물:** A4용지 3장, 반투명테이프, 큐베토 1개, 놀이매트 1개

이 프로젝트는 큐베토가 장애물을 넘어 세상을 여행하도록 하는 것이 목적입니다. 종이와 테이프로 큐베토에 날개를 만들어 붙여주어 큐베토가 날아다닌다고 상상하도록 합니다. 그리고 매트 위에 장애물을 설치한 후, 큐베토가 장애물을 피해 목적지에 도착할 수 있도록 프로그래밍합니다. 이 프로젝트의 목표는 큐베토가 해적의 방해를 물리치고 전 세계 다양한 대륙을 방문하는 이야기를 완성하는 것입니다. 이 놀이를 통해 아이가 코딩에 관심을 가질 수 있습니다.

방법
1. 종이로 큐베토에 붙일 날개 4개를 만듭니다.
2. 날개를 테이프로 큐베토 옆면에 붙입니다.
3. 나머지 종이로 두 개의 원뿔 모양을 만듭니다.
4. 놀이 매트 위에 원뿔 모양을 놓습니다.
5. 여러 색깔의 블록을 가지고 와서 아이에게 각 블록의 뜻을 설명해 줍니다.
6. 나무 판 위에 블록을 놓고 코딩합니다.

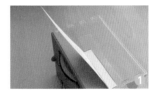  

아이가 기존의 해결법을 응용할 수 있도록 새로운 장애물을 추가해봅니다. 다른 길로 갈 수 있는지 생각해보도록 합니다. 코드를 간단하게 줄여 더 적은 블록으로도 같은 결과를 낼 수 있는지 생각해 보도록 합니다.

학습주제 **기본 개념**
아이가 생각하는 대로 토봇이 움직이도록 하는 과정을 통해 컴퓨터 프로그래밍의 본질을 가르 쳐줍니다.

토론 과제 큐베토가 컴퓨터나 아이패드와 같은 점, 다른 점은 무엇인가요? 컴퓨터가 일하도록 하는 방법 은 무엇인가요?

오스모 코딩

오스모 코딩은 아이패드와 블록을 결합한 교구입니다. 전면 카메라 위에 거울을 부착한 아이패 드를 세워놓고 그 앞에 블록을 둡니다. 블록은 문자, 숫자, 퍼즐 등 종류가 다양합니다.

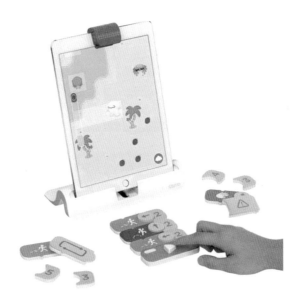

시간: 45분~1시간

준비물: 오스모 키트와 아이패드

방법

① 아이패드에서 오즈모 코딩잼 앱을 열고 캐릭터를 설정한 다음 오비잼 페이지로 이동합니다.

② 앱에 있는 연습을 합니다.

③ 새로운 노래의 잠금을 해제합니다.

④ 스튜디오로 가서 음악을 만듭니다.

⑤ 다른 블록을 사용하여 음악을 만듭니다.

⑥ 반복해서 사용할 수 있도록 두 곡을 만듭니다.

과제 아이가 좋아하는 노래를 코딩잼 앱에서 같이 만들어봅니다. 반복되는 부분이 많은 동요(동대문을 열어라 등)를 선택하여 아이가 직접 노래를 프로그래밍 할 수 있도록 합니다.

루프loop

컴퓨터 프로그램이 효과적인 이유는, 예측 가능한 방식으로 정확하게 움직이기 때문입니다. 거의 모든 프로그래밍 언어에는 '루프'라는 개념이 있습니다. 이 개념을 활용하면 프로그램은 지정된 횟수만큼 반복하여 코드를 실행합니다.

반복되는 부분이 많은 노래를 프로그래밍 하면서, 아이는 컴퓨터에게 특정한 동작을 반복시킬 수 있다는 것을 배웁니다.

토론 과제 일상생활에서 루프의 예를 찾아봅니다.

(예: 치아가 깨끗해질 때까지 칫솔로 닦기, 왼쪽과 오른쪽 다리를 번갈아가며 움직여 걷기, 트랙에서 10바퀴 뛰기 등)

중복 배제

중복 배제Don't Repeat Yourself(DPY)는 코드를 쓸 때나 데이터베이스를 설계할 때, 프로그램을 문서로 정리할 때도 적용되는 소프트웨어 프로그래밍 원리입니다. 이 원리는 시스템 안에 불필요하게 같은 정보가 여러 개가 존재하지 않도록 합니다. 이 원리는 앤디 헌트Andy Hunt와 데이브 토마스Dave Thomas가 〈실용주의 프로그래머The Pragmatic Programmer〉라는 책에서 소개한 것입니다. 루프는 중복 배제를 위한 방법 중 하나입니다. 같은 명령문을 계속 반복하는 것이 아니라 하나의 명령문을 작성하고 그것을 반복하도록 새로운 명령을 작성하는 것이기 때문입니다. 루프는 중복 배제 원칙을 이해하고 적용하는 좋은 예입니다.

오조봇

오조봇은 오조블로클리Ozoblockly 앱과 색깔을 사용하여 코딩할 수 있는 로봇입니다. 오조봇은 디지털과 아날로그 요소를 모두 가지고 있기 때문에, 아이가 추상적인 프로그래밍 개념을 보다 시각적으로, 경험적으로 이해할 수 있습니다.

오조봇 카트 Ozobot Kart

> **시간**: 1시간
>
> **준비물**: 1~3개의 오조봇, 자동차 경주 매트 1개, 색깔 펜

방법

❶ 3명이 함께 참여할 수 있습니다. 함께 하는 아이들에게 각각 3개의 시작점 중 하나를 선택하여 시작하도록 합니다. 교사가 지정할 수도 있습니다.

❷ 아이들이 사용할 수 있는 코드에 대해 함께 이야기한 후, 아이들이 빈칸에 해당하는 책을 칠하도록 합니다.

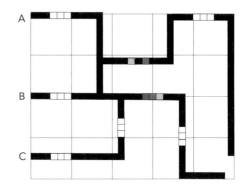

과제   집에서 학교까지 가는 여러 가지 경우의 수를 이야기해봅니다. 걷거나 버스를 타거나, 차를 타는 등의 방법이 있습니다. 오조봇을 이용하여 각 이동 방법에 맞는 길을 시연하도록 해봅니다.

학습주제   **센서**
로봇의 센서는 인간의 감각과 마찬가지로 주변에서 정보를 받아 처리하고 해당하는 반응을 하도록 합니다. 오조봇에는 근접센서, 라인 인식 센서 및 색상 인식 센서가 있습니다.

토론 과제   • 일상생활에서 센서의 예를 찾아봅시다. (예: 실내 공기의 입자를 감지하는 연기 센서, 주차 시 차와 장애물 사이 거리를 감지하는 차량 센서, 스마트폰과 태블릿PC에서 사용되는 터치 센서 등)
• 인간의 오감은 무엇일까요? 로봇이 가지기 힘든 인간의 감각은 무엇일까요?

일렉트릭도우

일렉트릭도우는 전기가 통하는 플레이도우 Play Dough 입니다. 그래서 "부드러운 회로"라고 부르기도 합니다. 일렉트릭도우는 세인트 토마스 대학 University of St. Thomas 의 플레이풀 러닝 랩 Playful Learning Lab 에서 처음 개발되었습니다. 제작을 주도한 앤마리 토마스 Dr. AnnMarie Thomas 박사는 실제로 만들면서 배우는 경험을 강조합니다. 박사는 기계 및 제품 디자인, 그리고 아주 쉬운 수준의 엔지니어링을 가르칩니다.

일렉트릭도우는 코딩을 직접 배우는 도구는 아니지만, 창의적 만들기에 도움이 됩니다. 이 도구를 사용하면 과학 분야 및 코딩에서 중요하게 사용되는 회로와 전기에 대해 배울 수 있습니다. 아이가 인두나 회로기판을 직접 만지는 것은 위험하기 때문에 일렉트릭도우를 사용하는 것이 좋습니다.

프로젝트 **관람차**

회전 모터fan motor를 사용하여 관람차처럼 회전하는 미술 작품을 만듭니다. 종이로 원을 만들어 일렉트릭도우와 연결하고, 전기가 들어오면 회전하도록 합니다. 아이는 이 프로젝트를 통해 시각적인 경험을 할 수 있습니다.

시간: 30분
준비물: 일렉트릭 도우, 종이 1장, 테이프 혹은 풀, 가위, 여러 가지 색깔의 펜, 악어 클립 2세트, 회전 모터 1개, 배터리 1개

방법
① 종이를 잘라 원을 만듭니다.
② 원 위에 펜으로 패턴을 그립니다.
③ 악어클립을 사용하여 전선을 연결합니다.
④ 전선을 일렉트릭도우에 연결합니다.
⑤ 회전 모터를 일렉트릭도우에 연결합니다.
⑥ 모터에 준비한 원을 붙입니다.

과제 팬을 끄고 켤 수 있는 스위치를 만들어봅니다. (일렉트릭도우를 추가로 사용하면 쉽습니다.)

학습주제 **전기회로와 모터**
• 전기회로는 전류가 흐르는 경로 또는 선을 말합니다. 양쪽 끝이 연결된 회로를 폐쇄 회로라고 합니다. 양쪽 끝이 연결되어야 전기가 흐를 수 있습니다.
• 모터는 전기를 사용하여 축을 회전시키는 기계입니다. 모터의 축에는 여러 가지를 연결할 수 있습니다.

토론 과제 주변에서 전기를 사용하는 기계를 찾아봅시다. 각 기계별로 어디에서 전기를 공급받는지 찾아봅시다.

• 모터로 작동하는 주변의 기계들을 찾아봅시다. (예: 헤어드라이어, 자동차, 주차장 차단기 등)

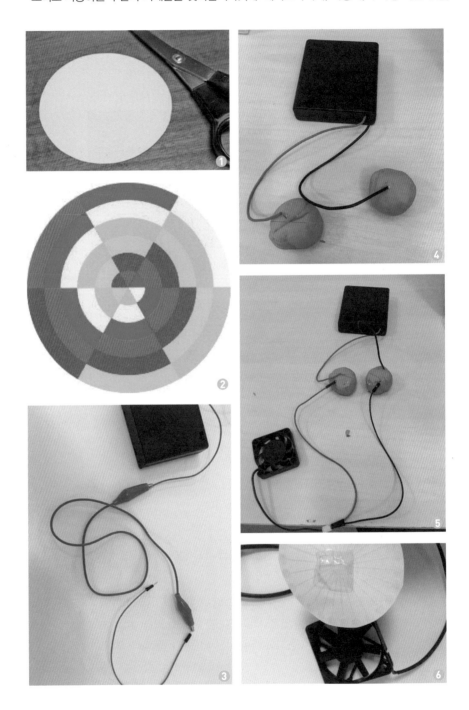

07

6~8세를 위한 코딩: 만들기

경험이 이해보다 우선합니다.

– 장 피아제

대부분의 나라에서 정규 교과 과정을 시작하는 6~8세는 상상력과 호기심이 풍부한 나이입니다. 그렇기에 직접 해보고, 토론하고, 상상력을 표현할 수 있는 코딩 학습 도구를 선택하는 것이 좋습니다.

이 연령의 아이들은 이제 막 구체적인 사고를 시작했기 때문에, 추상적인 코딩 개념을 배우기 위해서는 물리적 도구를 활용하는 것이 좋습니다. 코딩 도구를 직접 사용하면서 느끼도록 하는 것이 도움이 됩니다. 따라서 로봇을 계속 활용할 것입니다. 그리고 아이패드를 활용한 학습을 하게 될 것입니다.

6~8세는 블록 기반 프로그래밍 언어를 시작하기에 적합합니다. 구문 기반 언어와는 달리 블록 기반 언어는 아이들에게 좌절감을 줄 수 있는 구문 실수 및 입력 오류 등을 줄일 수 있습니다. 더

불어 코드 블록을 배치하는 과정을 통해 루프, 조건문(if) 및 함수 같은 코딩의 기본 개념도 익히게 됩니다. 이러한 개념을 배우게 되면 이후 구문 기반 언어에서도 바로 활용할 수 있습니다.

학습 목표

이 연령대의 아이들을 위한 학습 목표는 다음과 같습니다.

코드 설계 및 작성

코딩의 목표를 세우도록 합니다. 예를 들어, 블록 기반 언어 코딩을 통해 로봇이 미로를 빠져나가는 프로그램을 만드는 목표 등을 세웁니다.

논리적 사고 개발

알고리즘의 작동 방식을 이해하고 설명할 수 있도록 합니다.

오류 찾고 해결하기

이 과정에서는 작성한 코드에서 오류가 발생할 가능성이 생깁니다. 이를 해결하며 잘못된 부분을 찾고 수정하는 것을 배우도록 합니다.

부모의 역할

이야기를 듣고 함께 참여하기

이 연령대가 사용하는 교구는 성인에게는 게임이나 장난감 같아 보입니다. 이 과정에서 아이들이 하는 말을 듣고 반응하는 방식으로 관심을 표현하면서 함께 하는 것이 도움이 됩니다.

함께 만들기

블록 기반 언어를 통한 프로그래밍을 함께 할 수 있습니다. 부모가 코딩을 모르는 경우에도, 블록 기반 언어는 직관적이기 때문에 바로 배우면서 만들 수 있습니다.

프로그래밍 도구

이 연령대에는 스크래치 주니어, 스피로, 대쉬, 스크래치 및 마인크래프트 모딩과 같은 프로그램을 사용합니다.

스크래치 주니어 https://www.scratchjr.org

스크래치 주니어는 이 장의 뒤에서 설명할 스크래치에서 파생된 비주얼 프로그래밍 언어입니다. 아이패드나 안드로이드 태블릿에서 사용할 수 있습니다. 이 도구는 아이들의 인지적, 사회적, 정서적, 개인적 발달에 맞게 스크래치의 인터페이스와 언어를 수정한 것입니다. 스크래치 주니어는 아이들이 글을 읽지 못해도 창의적으로 사고하고 논리적으로 추론할 수 있는 방법을 제공합니다. 이를 위해 스크래치의 모든 블록은 기호로 되어있습니다.

스크래치 주니어로 상호작용이 가능한 프로그램을 만들 수 있습니다. 코딩 블록을 가지고 캐릭터를 움직이고, 뛰고, 춤추고, 노래하게 만들 수 있습니다. 직접 캐릭터를 그려 넣을 수도 있고, 자신의 목소리 등의 소리를 추가하거나 자기 사진을 넣는 것도 가능합니다.

무시무시한 숲

점점 커지는 뱀, 계속 뛰는 개구리, 빙빙 날아드는 박쥐 등이 있는 무시무시한 숲 애니메이션을
만듭니다.

관찰하기
- 몇 마리의 동물이 등장하나요?
- 개구리는 어떤 모습으로 움직이나요?
- 박쥐의 움직임은 어떤가요?
- 어떤 다른 배경을 사용할 수 있을까요?

방법 ① 배경을 추가합니다.

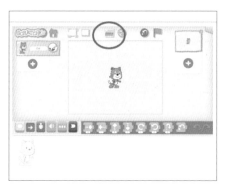 

② 화면에 있는 고양이를 길게 눌러 삭제합니다.

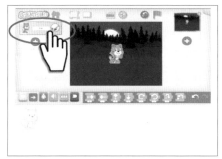 

③ 우리가 사용할 캐릭터(개구리, 뱀 박쥐)를 추가합니다.

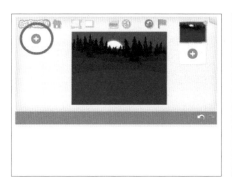 

④ 추가한 캐릭터를 더 무서운 모습으로 만들어봅니다.

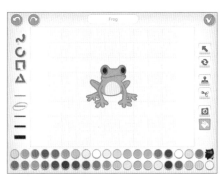 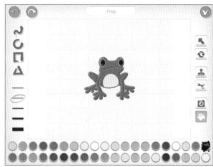

❺ 3개 이상의 캐릭터를 추가해봅니다.

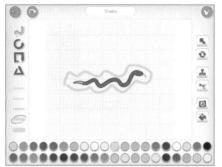 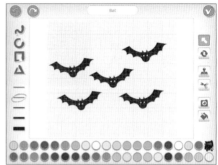

❻ 개구리가 점프하는 동작을 코딩해봅니다. 개구리를 누르고 아래 노란색 '이벤트' 탭을 누릅니다. 그리고 '캐릭터를 클릭했을 때' 블록을 아래로 끌어옵니다. 뒤에는 '점프 블록'을 놓습니다. (숫자는 개구리가 얼마나 높이 뛰는지를 나타내는 것입니다.)

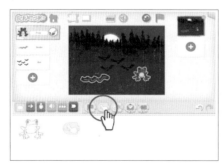 

❼ 개구리가 뛸 때 소리가 나도록 해봅니다. 녹색 '사운드' 탭을 누릅니다. '소리 내기' 블록을 아래로 끌어옵니다.

❽ 개구리가 세 번 점프하도록 만들어봅니다. 앞에서 했던 것처럼 점프 블록과 소리내기 블록을 연결하여 배치합니다.

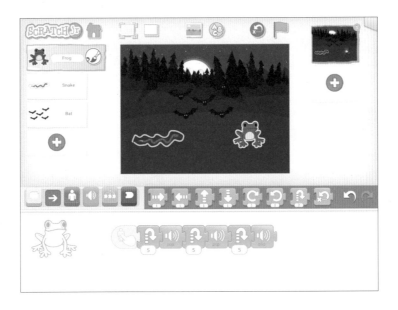

⑨ 원하는 동작을 완성한 뒤에는 빨간색 탭을 누르고 '끝내기' 블록을 추가합니다.

⑩ 같은 방법으로 박쥐와 뱀을 움직여봅니다. 캐릭터의 크기를 바꾸는 것은 보라색 '모양' 탭에 있고, 회전과 같은 동작 블록은 파란색 '동작' 탭에 있습니다.

과제 클릭하면 사라졌다가 잠시 후 다시 나타나는 용을 추가해봅시다.('기다리기' 블록을 사용할 수 있습니다.)

학습주제 시간 및 대기

대기는 프로그램이 앞선 작업이 완료될 때까지 멈췄다가, 그에 맞춰 다시 작동하도록 하는 명령입니다. 대기 상태의 프로그램이나 프로세스는 작동을 멈춘 상태로 있습니다. 사용자가 지정한 시간 후에 다시 움직이거나, 특정한 이벤트(예: 클릭)가 발생하면 다시 작동하도록 프로그래밍할 수 있습니다.

토론 과제 • 일상에서 멈춰있게 되는 상태의 예를 찾아봅니다. (케이크가 구워지길 기다리는 시간, 고객센터와 연결되기 전 기다리는 시간, 비행기 탑승을 위한 대기시간 등)
• 일정 시간을 기다리면 진행되는 예와 특정한 이벤트가 있어야 진행되는 예를 생각해봅니다. (케이크는 오븐에서 구워지는 시간 동안 기다리면 완성됩니다. 반면 식당에서 음식을 먹기 위해서는 음식이 나올 때까지 기다려야합니다.)
• 타이머가 있는 기계는 어떤 것이 있는지 찾아봅니다. (오븐, 전자레인지 등)

스피로 Sphero

스피로는 블록 기반 언어 또는 자바스크립트를 통해 앱으로 제어할 수 있는 로봇 공입니다. 공이기 때문에 굴러가는 활동을 바탕으로 여러 가지 일을 할 수 있습니다.

프로젝트 ## 스피로 볼링

스피로가 최대한 많은 핀을 쓰러뜨리도록 만들어봅니다. 또 핀을 쓰러뜨리면 색깔이 변하도록 만들어봅니다.

> **준비물:** 스피로 에듀 앱(앱스토어에서 다운로드), 바닥에 선을 표시하기 위한 색종이, 볼링 핀으로 용할 물병 5개

❶ 프로그램을 시작하면 스피로의 색이 흰색이 되도록 합니다.

❷ 스피로가 5초동안 일정한 속도로 직진하도록(각도 0도) 프로그래밍합니다.

❸ '충돌했을 때'를 새로운 이벤트로 설정하고, 충돌이 감지되면 색이 바뀌도록 '색빨 바꾸기' 블록을 추가합니다.

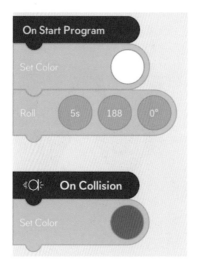

• 볼링핀을 여러 곳에 두고 스피로의 방향과 속도를 변경하여 모든 핀을 맞히도록 프로그래밍 해봅니다. ('굴러가기' 블록을 사용할 수 있습니다.)
• 핀을 맞힐 때마다 색이 바뀌도록 해봅니다.

이벤트

'이벤트 기반 프로그래밍'이란, 어떤 이벤트가 발생했을 때 해당 명령을 실행하도록 하는 것입니다. 이벤트는 사용자가 마우스나 키보드로 어떤 입력을 하거나, 운영체제가 시작되거나, 또는 다른 프로그램에서 메시지를 보내는 경우 등을 말합니다. 위의 예제에서 이벤트는 '충돌했을 때'입니다.

• 스피로에서 다른 이벤트 블록을 찾아봅니다. 새로 찾은 블록으로는 어떤 프로젝트를 만들 수 있는지 이야기해봅니다.

• 자주 사용하는 웹 사이트나 앱에서 이벤트 기반 프로그래밍의 예를 찾아봅니다. (예: 유튜브에서 '다음 동영상'을 클릭하는 것도 이벤트 기반 프로그래밍입니다.)

대시^{Dash}

대시는 원더 워크숍^{Wonder Workshop}에서 개발한 프로그래밍 도구입니다. 원더 워크숍의 설립자이며 최고경영자인 비카스 굽타^{Vikas Gupta}는 "딸과 시간을 보내면서 모든 아이들이 미래를 상상하고 만들 수 있는 플랫폼에 대한 아이디어가 떠올랐습니다. 미래에는 점점 지식보다는 창의성, 기존의 상식을 뛰어넘는 사고방식, 판단력 및 기술적 능력이 중요해질 것입니다. 아이가 자라면서 테크 제

품이 익숙해질수록 생활 속에서 기술이 가져다주는 신속함에 익숙해질 것입니다. 삶에서 자동화가 된 것을 많이 경험하게 되면서 아이들은 로봇과 함께 사는 세상에서 살게 될 것입니다."라고 말했습니다. [37]

대시는 모바일 앱과 연동되는 파란색 로봇입니다. 블로클리^{Blockly}라는 앱을 사용하여 명령을 내립니다. 블로클리 앱은 블록 기반 언어를 사용하여 이동이나 반응을 프로그래밍 할 수 있습니다.

---

[37] Johnston, Lisa. "Q&A: A High Bar For Smart Toys." Twice, 2 May 2018, www.twice.com/product/wonder-workshops-vikas-gupta-stresses-importance-setting-high-bar-smart-toys

예를 들어, 대시가 "Hi"이라는 소리를 들으면 소리가 난 방향을 바라보도록 프로그래밍 할 수 있습니다.

앱 왼쪽에 시작Start, 주행Drive, 보기Look, 조명Light, 소리Sound, 제어Control라고 적힌 "서랍" 안에서 코드 블록을 찾을 수 있습니다. 여기서 원하는 동작의 블록을 찾아 사용합니다.

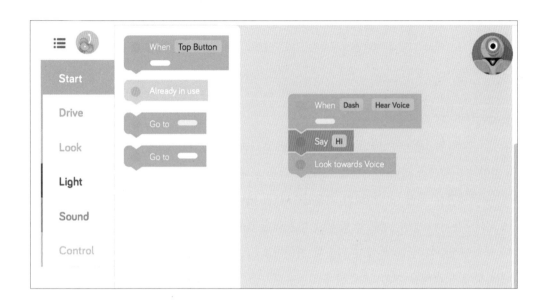

프로젝트 **미로**

이 프로젝트는 대시가 미로를 빠져나오거나 경주에서 이기도록 만드는 것을 목표로 합니다. 아이패드에서 가상 경주를 하도록 할 수도 있고, 실제로 로봇에 연결하여 대시가 움직이도록 할 수도 있습니다.

게임규칙
- 대시가 벽에 부딪히면 안됩니다.
- 재생 버튼을 누른 후에는 손댈 수 없습니다.
- 깃발이 올라가면 시작합니다.

시간: 1시간
준비물: 블로클리 앱, 종이컵 40개, 대시 로봇

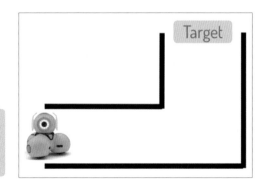

방법

① 무차별적 접근: 대시가 50 센티미터를 일반적인 속도로 직진한 뒤, 왼쪽으로 90도 돌고 다시 50센티미터를 움직이도록 하는 행동을 반복하도록 해봅니다.

② 조건화된 접근: 대시가 전방 장애물을 감지하면 왼쪽으로 90도 돌도록 해봅니다.

(무차별적 접근 코드)   (조건화된 접구 코드)

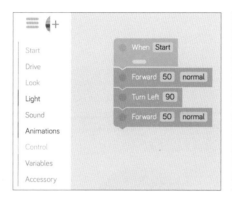 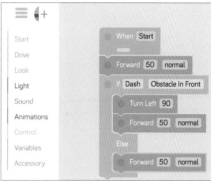

과제   무차별적 접근과 조건화된 접근을 사용하여 대시가 아래 두 미로를 빠져나가도록 해봅니다.

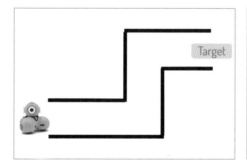 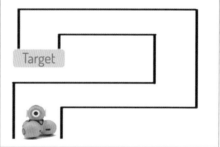

학습주제   **조건, 센서**

이 프로젝트를 통해 조건문(if문)을 배웁니다. 조건은 프로그램이 결정을 내리도록 합니다. 대시가 장애물을 만나면 어떤 행동을 할 것인지 결정하도록 하는 것이 조건문의 기능입니다.

센서는 오조봇에서도 배운 개념입니다. 오조봇처럼 대시도 센서를 사용하여 앞에 장애물이 있는지를 확인하는 등 주변을 인식합니다.

토론 과제   • 실제 생활에서 조건문을 적용해봅니다. (예: 비가 오면 우산을 챙긴다)

           • 컴퓨터나 기계에서 볼 수 있는 조건은 어떤 것이 있는지 이야기해봅니다. (예: 스마트폰 배터리가 20% 이하로 떨어지는 경우, 배터리 절약 모드가 활성화되는 것)

스크래치 Scratch

　스크래치는 MIT 미디어랩의 라이프롱 킨더가르텐 Lifelong Kindergarten에서 2004년 개발한 블록 기반 언어로, 현재 초중등 코딩 교육에서 가장 널리 사용되는 언어 중 하나입니다. 스크래치는 게임과 애니메이션을 코딩할 수 있는 웹 기반의 플랫폼입니다.

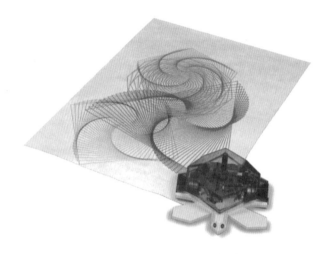

　스크래치는 1960년대 처음 출시된 '로고'라는 프로그래밍 언어에 뿌리를 두고 있습니다. 로고는 명령어를 통해 거북이를 움직여 그림을 그리는 용도로 사용되었습니다.

　'용감한 거북이 The Valiant Turtle'는 이러한 역할을 하는 다른 어떤 프로그램보다 정교하게 움직일 수 있었고, 이것은 로고가 기하학적 무늬를 그리는데 특화될 수 있도록 해주었습니다.

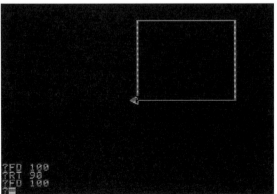

어빙 Irving은 최초의 무선 거북이였습니다.

'로고 터틀'의 샘플 코드

"스크래치는 상호작용이 가능한 이야기, 애니메이션, 게임, 음악, 미술 등을 만드는데 적합하게 구성되어 있습니다. 컴퓨터에 연결된 센서 보드를 통해 정보를 모으는 것도 가능합니다. 스크래치의 웹 사이트는 9백만 개 이상의 프로젝트를 공유하는 수백만 사용자들과의 접점을 제공합니다."[38]

라이프롱 킨더가르텐의 대표 미치 레스닉 교수는 프로젝트, 열정, 동료 그리고 놀이의 중요성을 강조합니다.

"창의력을 키우는 가장 최고의 방법은 즐길 줄 아는 동료들과 함께 열정을 가지고 프로젝트를 수행하는 사람들을 돕는 것입니다."

그는 또한 "전문적인 작가가 되는 사람은 소수이지만 모두가 글쓰기를 배우는 것처럼, 전문 개발자가 되지 않는다고 해도 프로그래밍은 배워야합니다."라고 말한 바 있습니다.[39]

스크래치의 장점

- 웹브라우저만 있으면 됩니다. 설치하고 설정하는 작업이 없습니다.

- 아주 간단한 단어만 읽고 이해할 수 있으면 됩니다.

- 매우 시각적이기 때문에 재미있고, 상호작용이 가능하기 때문에 자신이 원하는 결과물을 만들어 놀 수 있습니다. 예를 들어, 키보드의 화살표 키를 사용하여 화면의 사과를 구멍에 넣는 게임을 만들 수 있습니다. 자신을 표현하는 이야기를 간단한 애니메이션으로 만들 수도 있습니다.

이 연령대의 아이들은 자신이 만들고 보는 것을 좋아합니다. 스크래치는 자유도가 높은 편입니다. 자신이 사용하고자 하는 이미지를 업로드하여 쓴다거나, 색깔을 변경하는 것들이 가능합니다. 대부분의 아이들이 몇 시간이나 자신이 원하는 대로 코딩을 하며 놉니다. 이 과정에서 아이는 조건 및 변수와 같은 중요한 컴퓨터 과학 개념을 배우게 됩니다.

아이는 자라면서 더 복잡한 프로그램을 만들 수 있게 되고, 구문 언어인 자바스크립트나 파이썬을 이미 습득한 개념을 바탕으로 쉽게 다룰 수 있게 됩니다.

---

[38] Logo Foundation, el.media.mit.edu/logo-foundation/what_is_logo/history.html

[39] "Mitchel Resnick Quotes." BrainyQuote, Xplore, www.brainyquote.com/authors/mitchel_resnick

프로젝트 **댄스 파티**

캐릭터가 무대에서 춤을 추는 파티를 만들
어봅시다. 스프라이트가 화면에서 움직이도록
할 것입니다. 이 프로젝트에서는 간단한 동작
을 만들어보고, 이벤트와 루프 개념을 배우게
됩니다.

시간: 1시간
준비물: 스크래치(https://scratch.mit.edu)

방법 ❶ 스크래치 사이트에서 새 프로젝트를 만듭니다.

❷ 배경을 변경합니다.

❸ 최소 3개의 스프라이트를 추가합니다.

❹ 새로운 모양을 추가합니다.

❺ '소리' 탭을 누릅니다.

⑥ 라이브러리에서 원하는 음악을 고릅니다.

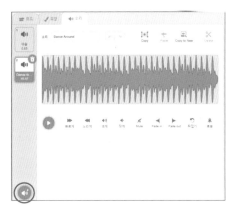

⑦ 사용자가 녹색 깃발을 누르면 음악이 재생되도록 합니다.

⑧ 녹색 깃발을 누르면 스프라이트가 모양을 바꾸어 춤을 추는 것처럼 보이게 합니다. 아래 그림은 코딩의 예입니다. 여러 코드 블록을 조합해봅니다.

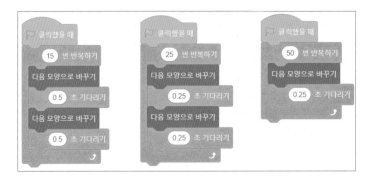

과제
- 스페이스 키를 누르면 배경을 학교로 바뀌도록 해봅니다.
- 스페이스 키를 눌렀을 때만 춤을 추기 시작하는 새로운 스프라이트를 추가해봅니다.

학습주제 **모양, 이벤트, 루프, 대기**
- 모양: 스프라이트의 모양이 달라지도록 프로그래밍 해봅니다.
- 이벤트: '깃발을 클릭했을 때' 블록이 이벤트입니다. 특정한 동작을 이벤트라고 합니다.

- 루프: 루프는 스프라이트가 정해진 동작을 반복하여 화면 안에서 살아있는 것처럼 보이게 해줍니다.
- 대기/시간: 일정 시간 후 스프라이트의 모양이 변하도록 프로그래밍 해봅니다.

토론 과제 • 어떤 다른 이벤트 블록을 사용할 수 있을까요?

• 지금까지 배운 것을 활용하여 어떤 다른 프로젝트를 만들 수 있을까요?

마인크래프트 모딩

마인크래프트는 많은 아이들에게 잘 알려진 게임입니다. 이 게임은 플레이어가 다양한 요소와 블록을 조립하여 새로운 3D 세계를 만들 수 있습니다. 마인크래프트 모딩Modding은 게임을 더 즐겁게 할 수 있도록 수정하도록 해줍니다.

이미 마인크래프트를 해본 경험이 있는 아이가 마인크래프트 모딩을 배우는 것이 좋습니다. 마인크래프트를 알고 있는 아이는 이를 수정하면서 코딩 개념을 더 쉽게, 잘 이해할 수 있기 때문입니다.

아이가 마인크래프트를 즐기고 있다면, 모드mods 만들기를 통해 코딩에 관심을 가지도록 할 수 있습니다. 아이는 자신이 수정한 게임을 친구들과 공유하며 스스로 뿌듯함을 느낄 것입니다. 모드는 새 캐릭터 만들기, 기존 캐릭터에 새로운 동작 추가하기, 배경 변경 등 여러 가지가 가능합니다.

이 연령대가 할 수 있는 모딩은 '몹mobs'을 프로그래밍하는 것입니다. 몹은 모바일mobile의 줄임말로, 게임 안에서 움직이는 요소들을 말합니다. 마인크래프트는 '스티브'라는 캐릭터와 함께 시작합니다. 사용자는 이 캐릭터를 통해 주변을 탐색하고 다른 몹과 상호작용을 합니다. 게임에 존재하는 각 몹은 서로 다른 인공지능에 따라 행동합니다. 친절한 몹도 있는 반면, 사용자의 캐릭터에게 해를 끼치는 몹도 있을 수 있습니다.

Name:Pig
Habitat:Overworld
Health: ♥♥♥♥♥ (5)
Attack power:Can't attack.
Xp per kill:1-3
Drops:
- Raw Porkchop (0-2)
- Cooked Porkchop (0-2),
  if death by fire.

프로젝트 **갑옷**

몹이 입을 수 있는 갑옷을 만들어봅시다. 갑옷은 투구, 흉갑, 레깅스, 부츠로 구성되어 있습니다. 특징있는 갑옷을 제작해보겠습니다.

시간: 1시간~1시간 반

준비물: 마인크래프트. MCreator(https://mcreator.net)

방법 ❶ MCreator에서 마인크래프트를 불러온 뒤 '도구' 탭으로 이동합니다.

❷ 갑옷의 외형을 만들어줍니다.

❸ 갑옷의 종류를 선택합니다.

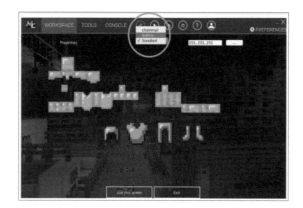

❹ 갑옷의 색깔을 지정합니다.

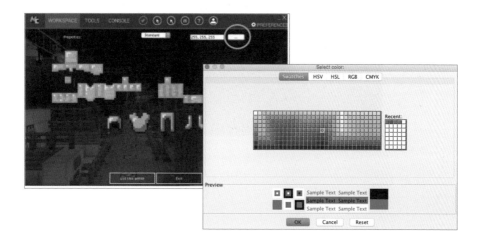

⑤ Use this armor를 클릭합니다.

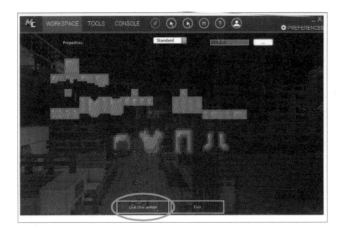

⑥ 갑옷의 이름을 지정합니다.

⑦ 위에서 만든 갑옷을 게임 속의 아이템으로 설정합니다. '새 모드 요소'를 누릅니다.

⑧ '갑옷' 유형을 선택하고, 이 아이템의 이름을 지정합니다.

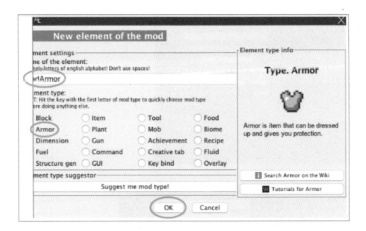

⑨ 갑옷의 각 구성요소(헬멧, 흉갑, 레깅스, 부츠)의 외형을 선택합니다.

⑩ 네 가지 요소에 모두 같은 설정을 해줍니다.

⑪ 갑옷에 이름을 붙이고, 앞서 만든 텍스처 파일을 불러옵니다.

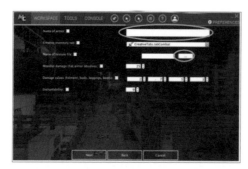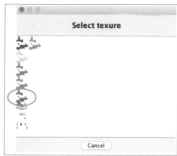

⑫ 갑옷의 세부속성을 수정합니다. 갑옷이 흡수할 수 있는 최대 피해와, 갑옷의 각 부분이 받는 피해 정도를 선택할 수 있습니다. 여기서 설정한 값은 플레이어가 피해를 입었을 때 갑옷의 내구도가 얼만큼 깎이는지를 결정합니다.

⑬ 갑옷의 재료를 선택합니다.(가죽, 금, 철, 다이아몬드 등을 선택할 수 있습니다.)

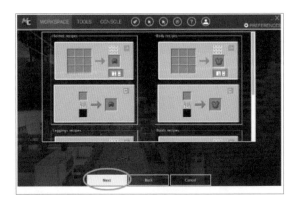

⑭ 새로운 갑옷이 만들어졌습니다. 마인크래프트를 실행하고 새로운 갑옷을 테스트해봅니다.

과제 · 다양한 색깔과 형태, 재료의 갑옷을 만들어봅니다.

학습주제 **속성(프로퍼티)**
이 과정을 통해 특정 아이템의 속성을 우리가 원하는 방식으로 조정하는 것을 배울 수 있습니다. 앞서 우리가 만든 갑옷에는 색상, 질감, 재료, 방어수준 등의 속성이 있습니다. 속성이란 어떤 물체의 정보를 말합니다.

토론 과제 방에 있는 것들의 속성을 말해봅시다. 우리 자신의 속성부터 알아보는 것도 좋습니다. (예: 사람은 키, 체중, 눈 색깔 및 머리색 등의 속성이 있습니다. 식탁은 색상, 재질, 높이, 모양 등의 속성이 있습니다.)

홉스코치 | Hopscotch

홉스코치는 블록 코드로 게임이나 애니메이션을 만들 수 있는 도구입니다. 사용 방법이 직관적이라 빠르게 게임을 만들 수 있고, 만든 것을 친구와 공유할 수 있습니다.

프로젝트 **마술 점**

점으로 원 모양을 만들어봅니다. 원을 이루고 있는 각 점은 순차적으로 하나씩 빠르게 깜빡입니다. 화면 중앙을 응시하면 점의 색이 바뀌는 착시현상을 경험할 수 있습니다.

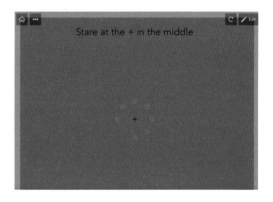

시간: 45분~1시간
준비물: 홉스코치 앱

방법
1 새 프로젝트를 만듭니다.
2 텍스트 개체를 추가합니다.

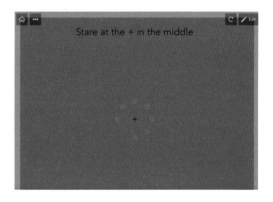

③ 배경을 프로그래밍합니다.

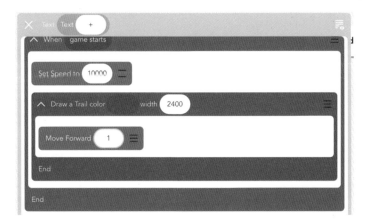

④ '점' 개체를 추가합니다.

⑤ 점을 프로그래밍합니다. 재생 버튼을 누르면 크기가 커지고 색상이 바뀌도록 코딩합니다.

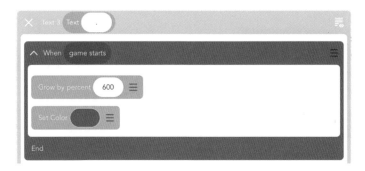

⑥ 사용자 지정 블록을 만듭니다. [GrowDot]라고 이름을 붙입니다.

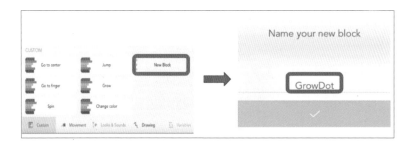

❼ 새 변수 'Dot'을 만듭니다.

❽ 점 변수를 초기화합니다. 점에 설정한 변수값은 어떤 점이 [보이기]에서 [숨기기]로 바뀌는지 나타냅니다.

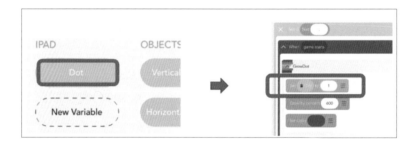

❾ 점이 보이도록 코딩합니다.

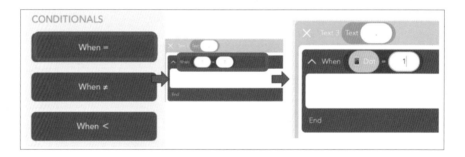

❿ 다른 사용자 지정 블록을 만듭니다. [DotOnOff]라고 이름을 붙입니다.

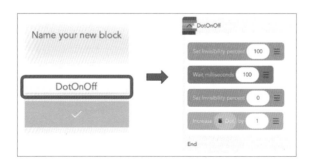

⑪ 모든 점 개체를 추가하여 원을 만듭니다. 추가한 각각의 점에 9와 10단계를 반복합니다.

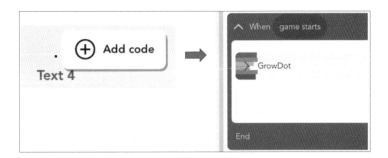

⑫ 마지막 점은 1에서 다시 시작하도록 합니다.

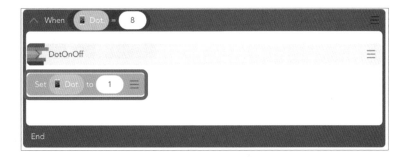

과제 · 점이 안보이게 되는 시간을 바꿔봅니다.
· 점의 깜빡임을 더 빠르게, 혹은 더 느리게 바꿔봅니다.

학습주제 **변수**
변수는 바꿀 수 있는 값의 저장소입니다. 점에 대한 변수를 지정하여 점이 커지거나 깜빡거리도록 만들 수 있습니다.

토론 과제 · 컴퓨터에서 볼 수 있는 변수는 어떤 것이 있나요?(사진 라이브러리에 저장된 사진의 수, 라이브러리의 용량 등)
· 게임에서는 어떤 값이 변수인가요?(점수, 남은 기회, 레벨 등)

메이키 메이키Makey Makey

메이키 메이키는 생활 속 물건을 컴퓨터 프로그램에 연결할 수 있도록 해주는 작은 키트입니다. 회로기판, 악어클립 및 USB 케이블로 구성되어 있습니다. 키보드나 마우스 입력을 받아 동작합니다. 앞서 4~5세에게 추천했던 일렉트릭도우와 유사합니다. 이 도구는 전기 개념을 배우는데 유용하고, 컴퓨터와 우리의 일상을 연결시키는데 도움을 줍니다.

프로젝트 바나나 피아노

이 프로젝트는 스크래치를 함께 사용합니다. 먼저 스크래치로 연주와 관련된 부분을 프로그래밍합니다. 그리고 바나나를 메이키 메이키와 연결하여 입력장치로 만듭니다.

시간: 1시간
준비물: 스크래치, 메이키 메이키 키트, 바나나 6개

방법
① 스크래치에서 새 프로젝트를 만듭니다.
② 새 프로젝트의 이름을 'My Banana Piano'로 설정합니다.

❸ 고양이 스프라이트를 마우스 오른쪽 버튼으로 클릭하여 삭제합니다.

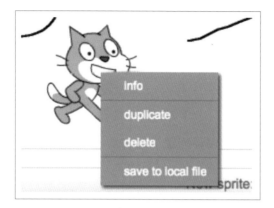

❹ '스프라이트 그리기'를 선택하여 새로운 스프라이트를 만들고, 이름을 'Do'로 지정합니다.

❺ 피아노 건반 모양을 그리고, 그 위에 화살표를 그립니다.(이 그림은 '위쪽 키'를 의미합니다.)

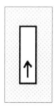

❻ 5번에서 만든 모양을 마우스 오른쪽 클릭하여 '복제하기|duplicate'를 선택합니다.

⑦ 복제된 새 모양의 색을 회색으로 바꿉니다.

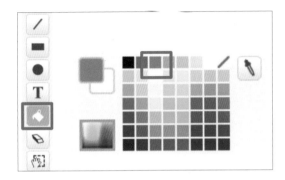

⑧ 같은 방법으로 오른쪽, 아래, 왼쪽 화살표와 스페이스바, 그리고 마우스를 클릭했을 때 동작하는 건반을 그립니다. 순서대로 레, 미, 파, 솔, 라로 이름을 붙입니다. 검은 건반도 만들어줍니다. 모두 완성되면 아래와 같은 그림이 되어야 합니다.

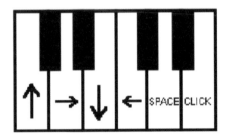

⑨ 확장 기능 버튼을 눌러 음악 기능을 추가합니다.

⑩ 가장 먼저 만든 '위쪽 키'를 눌렀을 때 다음과 같은 코드가 실행되도록 합니다.[40]

    a. 모양 바꾸기

    b. '도' 음 재생(60)

    c. 원래 모양으로 돌아가기

⑪ 녹색 깃발을 누르면(시작) 스프라이트의 모양이 아무것도 누르지 않은 형태로 변하도록 합니다.

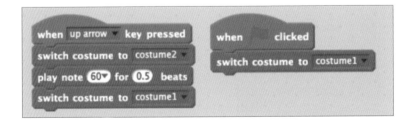

[40] 편집자 주: 스크래치 3.0부터는 음악 기능을 '확장'에서 찾을 수 있습니다.

⑫ 나머지 키에 대해서도 같은 작업을 해줍니다. 음 설정값은 다음과 같습니다.

오른쪽 키: 레(62)　　　　　아래쪽 키: 미(64)　　　　　왼쪽 키: 파(65)

스페이스 키: 솔(67)　　　　클릭: 라(69)

⑬ 메이키 메이키를 컴퓨터와 연결하고, 접지[41]합니다.

⑭ 준비한 바나나를 화살표 키와 스페이스바, 마우스 클릭에 대응하도록 연결합니다.

과제 바나나 한 개를 눌렀을 때 동시에 여러 가지 음이 나도록 해봅니다.

학습주제 **전기, 회로, 전도성**
- 전기: 한 곳에 저장되거나 다른 곳으로 흐를 수 있는 에너지 유형입니다.
- 회로: 구성 요소들이 연결되어 동작하도록 만드는 기반입니다.
- 전도성: 전기가 통과할 수 있는 성질을 말합니다. 전도성을 가진 물체를 전기 전도체(줄여서 도체)라고 부릅니다. 바나나는 전도성이 있기 때문에 버튼처럼 활용할 수 있습니다. 반대로 절연체(혹은 부도체)는 전기가 흐르지 않는 물질을 말합니다.

토론 과제
- 주변에서 도체를 찾아봅니다.
- 절연체도 함께 찾아봅니다.
- 전도성을 가진 재료의 공통점은 무엇인지 이야기해봅니다.

리틀 비츠 LittleBits

　리틀비츠는 작은 자석으로 연결할 수 있는 전기 블록입니다. 리틀 비츠는 납땜을 하거나 전선을 연결하는 작업 없이도 기계의 작동 원리를 실험하고 배울 수 있도록 고안되었습니다. 각 "비트"는 전구, 센서, 버튼 등의 특정한 기능을 가지고 있습니다. 리틀 비츠도 메이키메이키나 일렉트릭도우처럼 전기를 사용합니다.

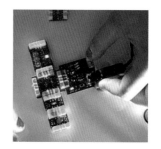

---

[41] 전기가 통해야 회로가 동작하기 때문에, 아래 그림처럼 한쪽 손은 접지선을 잡고 있어야 합니다.

깜빡이는 전등

깜빡이는 전등을 만들어봅니다. 버튼을 사용히어 전등을 켜거나, 불빛 양을 조절하여 조명의 색을 바꿔봅니다.

> **시간:** 1시간
>
> **준비물:** 리틀비츠 펄스 1개, 전원 1개, 와이어 1개, RGB LED 1개, 골판지, 플라스틱 컵,
>   파이프 클리너, 공작용 칼, 접착제

방법　① 골판지와 컵을 사용하여 아래와 같이 전등의 형태를 만듭니다.

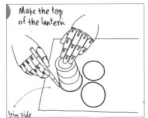 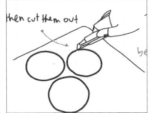 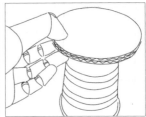

② 만든 전등 바닥에 리틀비츠를 테이프로 고정시킵니다.

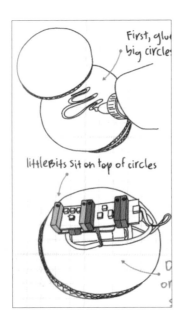

③ 플라스틱 컵에 작은 구멍을 뚫어 리틀비츠와 전원 선을 연결하고, 아래와 같이 덮습니다.

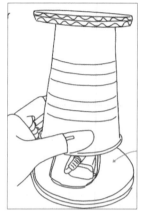 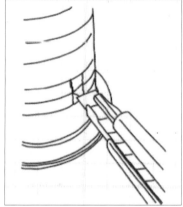

과제 전등이 켜지거나 꺼질 때 소리가 나도록 리틀비츠를 추가해봅니다.

학습주제 **RGB 색상**

컴퓨터에서는 주로 RGB 값으로 색을 표현합니다. R은 Red, G는 Green, B는 Blue입니다. 모든 색은 이 세 가지 색을 섞어 만들 수 있습니다. 컴퓨터에서 각 색깔은 최소 0에서 최대 255의 값을 가집니다. RGB로 색을 표현하는 방식은 다음과 같습니다. 흰색은 255, 255, 255, 검은색은 0, 0, 0, 빨간색은 255, 0, 0, 녹색은 0, 255, 0, 파란색은 0, 0, 255입니다.

토론 과제 가장 좋아하는 색을 RGB값으로 표현해봅시다. 아래 웹 사이트를 참고하세요 https://rgbcolorcode.com

기타 도구

앞서 소개한 도구 외에도 다음과 같은 도구를 사용할 수 있습니다.

- 티클Tickle
- 로블록스Roblox
- 코스페이시스Cospaces

08

9~11세를 위한 코딩: 게임

이 연령대는 보통 자신의 스마트폰이나 태블릿PC를 가지고 있습니다. 이것으로 대부분 게임이나 동영상을 보며 시간을 보내기도 합니다. 하지만 코딩을 배우면 이전까지와는 다르게 스마트폰이나 태블릿PC를 창의적으로 사용할 수 있습니다.

코딩은 일상생활과 연결되어 있습니다. 그렇기에 이 연령대에는 자신이 익숙하게 사용하는 기기에서 코딩을 할 수 있도록 하는 것이 좋습니다. 그리고 코딩을 하는 분명한 목적을 설정해야 합니다. 예를 들어, 중국어를 배우는 학생의 경우, 중국어 학습에 도움이 되는 프로그램을 만들어 볼 수 있습니다.

이 연령대에서는 집중력이 높아지고 더 높은 수준의 논리적 사고가 가능해집니다. 따라서 더 복잡한 컴퓨터 과학 개념과 알고리즘을 배우기에 알맞습니다. 블록 기반 언어를 기반으로 구문 기반 언어를 배우는 것을 추천합니다.

학습 목표

이 연령대에서는 다음 4가지 목표를 이룰 수 있습니다.

일상생활에서 사용 가능한 제품 만들기

이 연령대의 아이들은 스마트폰 사용에 익숙하고, 자신의 스마트폰을 가지고 있는 경우도 많습니다. 아이들이 단순히 스마트폰을 사용하는 것 뿐만 아니라, 자신이 상상했던 프로그램을 스스로 만들어 쓸 수 있는 경험을 제공하는 것이 중요합니다. 웹 기반 게임을 만드는 것, 그리고 만든 것을 다른 친구들과 함께 공유하는 것이 이러한 경험을 하게 해줍니다.

이론과 개념 이해

데이터를 조작하고 문제를 분석하고 사용자 중심으로 문제에 접근하는 방식을 통해 해결책을 찾으면서 컴퓨터의 작동 원리와 프로그래밍 개념에 대한 이해를 할 수 있습니다. 특히 사용자 중심 접근 방식을 익히는 것이 중요합니다. 코딩은 혼자만 쓰는 것이 아니라 다른 사람도 함께 쓰는 것을 만들어내기 때문입니다.

코딩 능력 키우기

첫 번째 배우는 언어를 확실하게 습득하도록 합니다. 이를 위해 웹 인터페이스에서 모바일 앱을 만들 수 있는 블록 기반 언어인 '앱 인벤터'의 사용을 권장합니다.

포트폴리오 만들기

자신이 만든 결과물에 대한 포트폴리오를 정리하도록 합니다. 이 과정을 통해 자신의 결과물을 공유하는 것에 대한 인식을 가질 수 있습니다.

부모의 역할

공감을 담은 피드백

아이가 모바일 기기에 설치할 수 있는 앱을 만들었을 경우, 부모는 자신의 기기에 그것을 설치하고 테스트 할 수 있습니다. 사용자의 입장에서 아이에게 질문하고 피드백을 줍니다. 이것은 아이가 사용자에게 공감하고, 그들의 관점에서 볼 수 있게 도와줍니다.

동료들과 협업하기

좀 더 큰 프로젝트를 위해 친구들과 협동할 수 있도록 격려하는 것이 좋습니다. 이를 통해 자신의 기술적 지식을 확장시키면서 협업 능력을 키울 수 있습니다.

작업을 전시하기

아이들이 자신이 만든 프로젝트를 친구나 소속된 공동체에 공개할 수 있도록 도와줍니다. 예를 들어, 학교 박람회나 기술 경진대회에 참여할 수 있도록 독려할 수 있습니다. 이를 통해 자신과 비슷한 연령의 코더들을 알 수 있게 되고, 자신이 만든 앱을 다른 사람들이 어떤 방식으로 사용하는지 알게 됩니다.

객체 지향 프로그래밍 Object-oriented Programming

자바스크립트와 파이썬은 객체 지향 프로그래밍(OOP) 언어입니다. 객체 지향 프로그래밍이란, 프로그래밍에서 '객체 Object'를 활용하는 방식입니다. 객체는 기능, 특성, 동작 등의 특징을 가지고 있습니다.

객체는 '클래스 Class' 안에 속합니다. 같은 클래스 안에 있는 객체들은 비슷한 속성을 가집니다. 객체는 또 다른 객체에게 특징과 동작을 상속받을 수 있습니다.

게임 제작 과정을 예로 들어보겠습니다. '적'이라는 클래스를 만들고 그 안에 '사악한 객체'들을 모아둡니다. 박쥐나 용과 같은 객체가 이 클래스 안에 포함될 수 있습니다. 박쥐와 용은 같은 클래스에 있지만, 특별히 용은 불을 뿜는 개별 속성을 가질 수 있습니다. 그리고 용에게서 특정한 속성을 상속받은 다른 객체도 불을 뿜는 속성을 가질 수 있습니다. 이렇게 게임을 만들 때 객체를 중심으로 코딩하면 시간 절약은 물론 객체들의 일관성도 유지할 수 있습니다.

프로그래밍 도구들

이 연령대에는 앱 인벤터, 자바 프로세싱, 자바스크립트, 그리고 파이썬을 사용할 수 있습니다.

앱인벤터

앱인벤터는 모바일 앱을 만들 수 있는 웹 사이트입니다. 스마트 기기에 익숙한 아이에게 적합합니다. 앱인벤터는 구글에서 개발한 블록 기반 프로그래밍 언어로, 현재는 MIT의 컴퓨터 과학 및 인공지능 연구소 Computer Science and Artificial Intelligence Lab(CSAIL)에서 관리하고 있습니다.

앱인벤터의 책임자 할 아벨슨 교수Prof. Hal Abelson는 "모바일 기술은 아이들을 위한 것입니다. 과거 로고를 만들었을 때 컴퓨터는 아이들을 위한 것이라 말했던 것과 같은 맥락입니다."라고 말한 바 있습니다.

그는 MIT에서 가르치고 연구하는데 자신의 삶을 헌신한 수학자이자 컴퓨터 과학자, 그리고 교육자인 시모어 페퍼트Seymour Papert를 위해 로고 터틀 기하학Logo Turtle Geometry를 만든 사람이기도 합니다.

앱 인벤터의 블록 기반 프로그래밍 방식은 스크래치와 매우 유사합니다. 차이점은 모바일 기기에서 실행이 가능하다는 것입니다.

프로젝트 1 **팩맨**

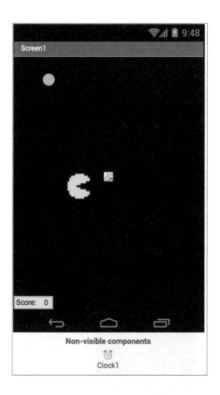

시간: 1시간~1시간 반
준비물: 앱 인벤터(https://appinventor.mit.edu)

컴포넌트 팩맨 게임은 다음과 같은 구성요소를 가집니다.

- 게임 화면이 되는 캔버스^{Canvas}
- 캔버스 안에서 움직이는 팩맨의 이미지인 이미지 스프라이트^{Image Sprite}
- 캔버스 안에서 움직이는 공의 이미지인 볼 스프라이트^{Ball Sprite}
- 사용되는 레이블을 나란히 배치하는 역할을 하는 수평배치^{Horizontal Arrangement}
- 점수: 라는 내용을 표시해줄 레이블^{Label}과 실제 점수를 표시할 레이블
- 볼 스프리트의 움직임을 측정하는 시계^{Clock}

컴포넌트를 표로 정리하면 다음과 같습니다.

컴포넌트	팔레트	우리가 설정할 이름	기능
Canvas	Drawing and Animation	Canvas	게임 스크린
ImageSprite	Drawing and Animation	Pacman	팩맨 이미지
BallSprite	Drawing and Animation	Coin	팩맨이 모을 수 있도록 랜덤으로 나타남
Horizontal Arrangement	Layout	HorizontalArrangement1	아래 두 레이블의 줄맞춤
Label	User Interface	ScoreLabel	"점수 : "를 표시함
Lable	User Interface	ScoreCount	실제 점수를 표시함

컴포넌트 만들기

❶ Palette의 Drawing and Animation에서 Canvas를 가져옵니다. 속성^{Properties}에서 높이^{Height}와 너비^{Width}를 'Fill Parent'로 지정하고(화면에 꽉 채우는 설정), 배경을 검정으로 바꿉니다.

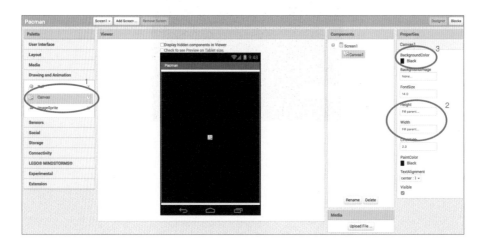

❷ Palette의 Drawing and Animation에서 ImageSprite를 위에서 배치한 Canvas로 가져옵니다. ImageSprite1로 되어있는 이름을 Pacman으로 지정합니다.

❸ Palette의 Media 탭에서 사진이나 오디오 등을 업로드하면 컴포넌트로 사용할 수 있습니다.

❹ 온라인에서 팩맨, 유령, 코인의 이미지를 검색하여 저장한 다음, Media 탭을 눌러 저장한 파일들을 업로드합니다.

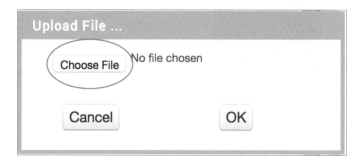

❺ Pacman 컴포넌트의 속성 Picture 항목에서 앞에서 업로드한 팩맨의 이미지를 선택하고, 높이와 너비를
50으로 설정합니다.

❻ Palette의 Drawing and Animation에서 BallSprite를 위에서 배치한 Canvas로 가져옵니다. 공의 색깔
은 주황색, 반지름은 10으로 설정합니다.

❼ Ball1의 이름을 Coin으로 바꿉니다. Palette의 Sensor에서 Clock을 Canvas로 가져옵니다. 시계는
Canvas 위에 놓이지 않고, 아래쪽에 '보이지 않는 컴포넌트'로 표시됩니다.

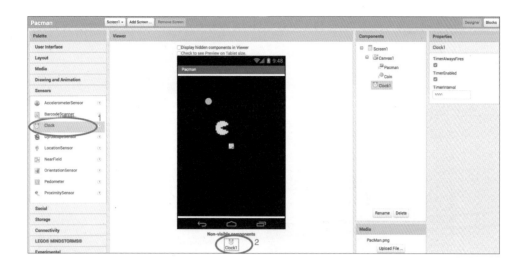

라벨 컴포넌트 만들기

❶ 사용자의 점수를 표시하기 위한 컴포넌트를 배치합니다. Palette의 Layout에서 Horizontal Arrangement를 끌어서 Canvas 아래 둡니다. 이름은 바꾸지 않고 그냥 둡니다.

❷ Palette의 User Interface에서 두 개의 Label을 HorizontalArrangement1로 가져옵니다.

　가. 왼쪽 Label의 이름을 ScoreLabel로 바꾸고, 아래 Text에 'Score: '라고 씁니다. 콜론 다음에 한 칸의 공백을 둡니다.

　나. 오른쪽 Label의 이름을 ScoreCount로 바꾸고, Text는 0을 씁니다.

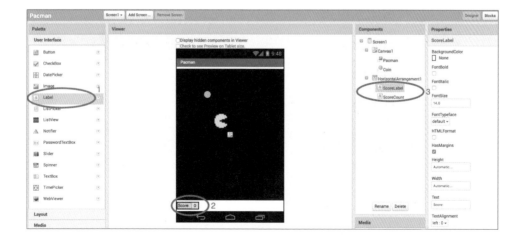

오른쪽 상단의 'Blocks'를 클릭하여 블록 프로그래밍 화면으로 들어갑니다.

❶ 왼쪽의 Pacman을 선택하고 'when Pacman .Dragged'를 가져옵니다.

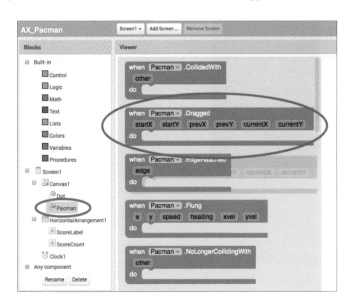

❷ 아래로 내려 'set Pacman .X to'와 'set Pacman .Y to'를 2에서 가져온 블록 안으로 가져옵니다.

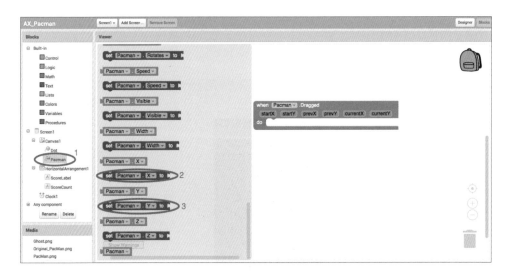

❸ currentX 위에 마우스를 올려두고 잠시 기다리면 선택할 수 있는 다른 항목이 나타납니다. 여기서 get currentX를 끌어와 'set Pacman .X to' 블록의 오른쪽에 끼웁니다. Y도 같은 방식으로 반복합니다.

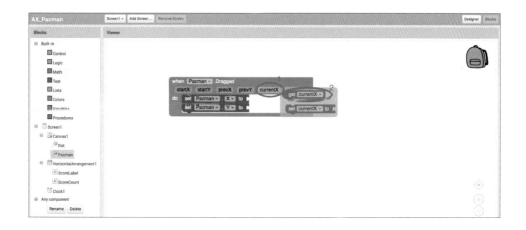

❹ 왼쪽 사이드바에서 Clock을 선택하고 'when Clock1 .Timer'를 끌어옵니다.

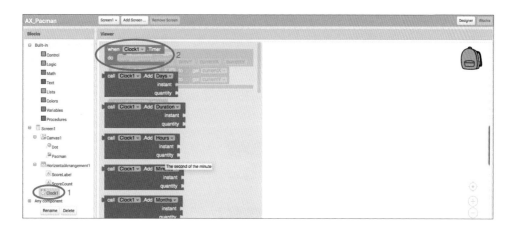

❺ 왼쪽 사이드바에서 Coin을 클릭하고 'call Coin .MoveTo'를 4번에서 가져온 블록 안으로 가져옵니다.

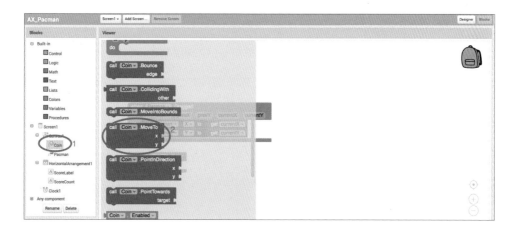

❻ Coin의 새 좌표를 입력해보겠습니다. 좌표값은 0과 Canvas 너비에서 Coin의 반지름을 뺀 값의 사이여야 합니다.

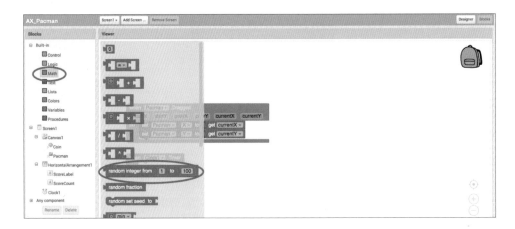

가. Math 서랍을 클릭합니다. 'random integer from 1 to 100' 블록을 끌어와 'call Coin .MoveTo'의 x에 끼웁니다.

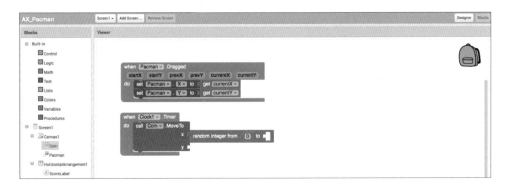

나. 숫자 1 블록을 0으로 변경하고, 100 블록은 삭제합니다.

다. Math 서랍에서 0-0 블록을 원래 숫자 100 블록이 있던 자리에 넣습니다.

라. Canvas1을 클릭하고 아래로 내려 Canvas1.Width 블록을 선택하고, 앞에서 넣은 0-0 블록 앞에 넣습니다.

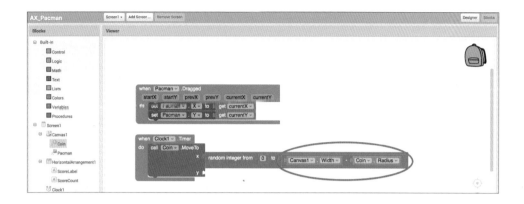

마. 같은 방법으로 Coin 서랍에서 Coin.Radius 블록을 선택하고 0-0 블록 뒤에 넣습니다.

⑦ 같은 방식으로 Coin의 y축 좌표도 0과 Canvas 너비에서 Coin의 반지름을 뺀 값 사이로 만들어줍니다. 작업을 마치면 다음과 같은 코드가 만들어집니다.

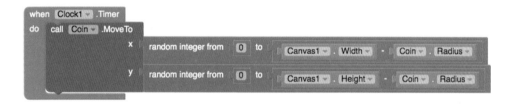

⑧ Pacman 서랍에서 'when Pacman .CollidedWith' 블록을 가져옵니다.

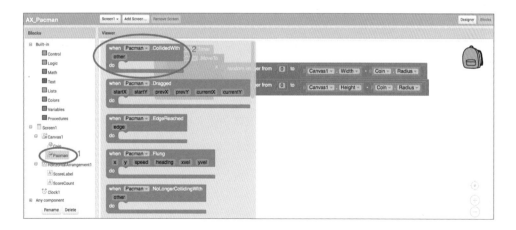

⑨ Control 서랍에서 'if ~ then' 블록을 가져다가 앞에서 추가한 블록 안에 넣어줍니다.

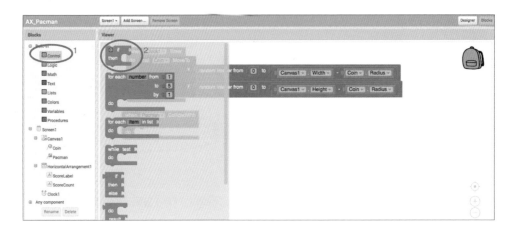

⑩ Math 서랍에서 '0=0' 블록을 꺼내 'if ~ then' 블록의 'if' 옆에 끼웁니다.

⑪ 'when Pacman .CollidedWith' 블록 안에 있는 'other'에 마우스를 올리고 잠시 기다리면 'get other' 블록이 나옵니다. 이것을 가져다가 '0=0' 블록 앞부분에 끼웁니다.

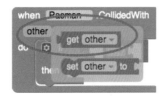

⑫ Coin 서랍을 클릭하고 'Coin' 블록을 찾아 '0=0' 블록 뒷부분에 끼웁니다.

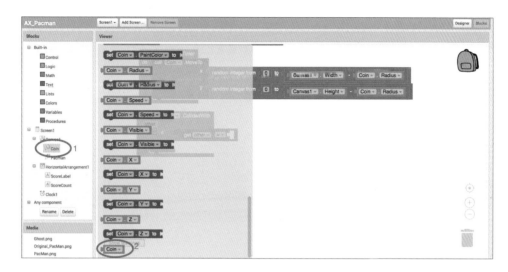

⑬ Pacman이 Coin을 먹으면 점수를 1점 얻고 코인은 사라지도록 만들어줍니다.

가. Coin 서랍에서 'set Coin .Visible to' 블록을 끌어서 'if ~ then' 블록의 'then' 옆에 끼웁니다.

나. Logic 서랍에서 'False' 블록을 찾아 방금 끼운 블록에 연결합니다.

다. ScoreCount 서랍에서 'set ScoreCount .Text to' 블록을 가져다가 위에서 만든 블록 아래 둡니다.

라. Math 서랍에서 '0+0' 블록을 가져와서 방금 추가한 블록에 연결합니다.

마. '0+0' 블록 앞부분에 ScoreCount 서랍 안에서 'ScoreCount .Text' 블록을 가져다 둡니다.

바. '0+0' 블록 뒷부분에는 Math 서랍에서 '0' 블록을 찾아서 끼워놓고, 숫자를 1로 바꿉니다.

사. 앞 순서 5~7에서 만든 방식을 반복하여 넣어줍니다.

아. 13번 가~나에서 만든 방식을 넣어줍니다. 단, 여기에서는 'False' 블록이 아니라 'True' 블록을 끼웁니다.

⑭ Coin 블록의 이동 반복을 코딩하기 위해 코드를 정리해보겠습니다.

가. Procedures 서랍에서 'do' 블록을 가져옵니다. 블록 안에 있는 'procedure'를 'coin_movement'라는 이름으로 바꿔줍니다.

나. Coin 서랍에서 'call Coin .MoveTo' 블록을 넣어주고, 6번에서 했던 것처럼 블록을 만들어 x와 y 자리에 연결합니다. 이렇게 'coin_movement'라는 함수가 만들어졌습니다.

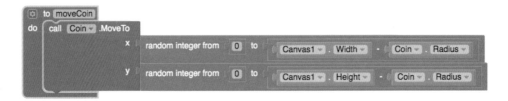

다. 함수를 만들었기 때문에, 같은 코드가 두 번 반복되지 않아도 됩니다. 5~6번에서 만든 'when Clock1 .Timer' 안에 있는 'call Coin .MoveTo'를 지우고 Procedures 서랍에서 'call coin_movement'를 꺼내어 넣어줍니다. 그리고 8번에서 만든 'when Pacman .CollidedWith' 블록의 then 부분에도 'call coin_movement'를 넣어줍니다. 점수가 오른 후 초기화 되어야 하기 때문에 세 번째 줄에 넣어줍니다.

모든 코드를 작성하면 다음과 같은 블록이 만들어집니다.

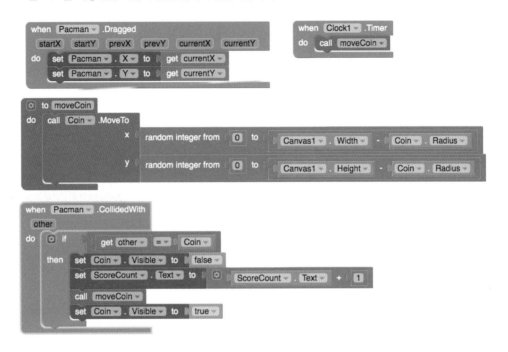

과제
- 버튼을 사용하여 Pacman을 이동해봅니다.
- Pacman을 따라다니는 장애물을 추가해봅니다.

학습주제 **이벤트, 조건, 속성**
- 이벤트: 'when Pacman .CollidedWith' 같은 블록은 조건과 관계 없이 특정한 사건(이벤트)이 생기면 실행되는 코드입니다.
- 조건: 'if ~ then' 블록은 if에 설정한 조건이 발생되면 then의 코드를 실행합니다. 위 예제에서는 Pacman이 Coin을 먹으면 Coin이 사라지고 1점이 추가되고, 새로운 Coin이 나타나는 코드를 만들었습니다.
- 속성: ScoreCount는 텍스트입니다. Pacman은 이미지입니다. 각 객체가 가지는 특징을 속성이라 합니다.

토론 과제 평소 사용하는 앱에서 '컴포넌트'에 해당하는 것이 무엇인지 찾아봅니다.

프로젝트 2 '힘이 되는 말'

시간: 1~2시간

컴포넌트 가속도계
인용구를 표시하는 레이블
인용구를 읽어줄 TTS[42] 컴포넌트

컴포넌트 목록을 정리하면 다음과 같습니다.

컴포넌트	팔레트	이름	기능
AccelerometerSensor	Sensor	AccelerometerSensor1	명언을 바꾸라는 신호를 보냄
Label	User Interface	Label1	안내 문구나 레이블을 표시함
TTS	User Interface	TextToSpeech1	명언을 읽어줌

방법 ❶ 새 프로젝트를 열어 오른쪽 그림과 같이 인터페이스를 구성합니다.

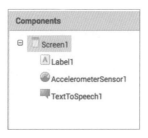

❷ Component 창에서 Label1을 선택하고, 필요한 속성을 가독성 있게 수정합니다.

가. 적절한 글꼴과 크기를 선택합니다.

나. Width는 Fill parent로, 텍스트는 가운데 정렬을 합니다.

---

[42] Text to Speech. 텍스트를 음성으로 읽어주는 기능.

③ 아래와 같은 방법으로 화면에 표시할 인용구를 만듭니다.

④ 스마트폰을 흔들면 인용구 중 하나가 표시되도록 합니다.

⑤ 전체 코드는 아래와 같습니다.

과제
- 자신이 좋아하는 명언을 더 추가해봅니다.
- 명언을 분류해서 사용자가 카테고리를 선택할 수 있도록 해봅니다.

학습주제 **속성, 목록(리스트)**
- 텍스트의 속성을 수정하며 하나의 컴포넌트에 다양한 속성이 있다는 것을 확인합니다.
- 목록(리스트): 리스트는 여러 가지 항목이 들어있는 모음입니다. 숫자, 텍스트, 색상 등을 포함하여 리스트에 저장할 수 있습니다. 리스트는 여러 가지 방식으로 사용됩니다. 이 프로젝트에서는 리스트 중 임의의 항목을 선택하는 방식을 사용했습니다.

토론 과제 생활 속에서 볼 수 있는 리스트를 생각해봅니다. (쇼핑 리스트, 해야 할 일 리스트, 같은 반 친구 리스트 등)

자바 프로세싱 Java Processing

프로세싱은 자바 언어를 사용하는 그래픽 라이브러리 및 개발환경입니다. 객체 지향적이고, 비주얼 아트 사용자들을 위해 만들어졌습니다. 사용자가 스케치북에 코드를 작성하면 즉시 결과를 볼 수 있습니다.

자바 프로세싱은 상대적으로 통제된 개발환경과 직관적 문법을 바탕으로 하고 있기 때문에 블록 기반 언어와 구문 기반 언어를 연결하는 좋은 다리 역할을 할 수 있습니다.

> **프로젝트** **첫 구문 기반 코드 작성**

> **시간**: 1시간
> **준비물**: 프로세싱 (https://processing.org에서 받을 수 있습니다.)

방법 ❶ 프로세싱을 실행합니다. 스케치 창이 보입니다. 이곳에 코드를 기록할 것입니다.

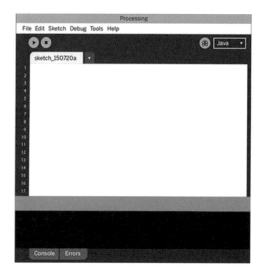

❷ 위에 있는 '재생' 버튼을 누르면 작은 창이 열리며 결과가 표시됩니다.

❸ 스케치 창 아래 검은 부분은 '콘솔'이라고 부릅니다.

❹ 첫 번째 줄에 그림과 같이 코드를 작성합니다.

❺ 두 번째 줄을 비워두고 세 번째 줄에 }을 씁니다.

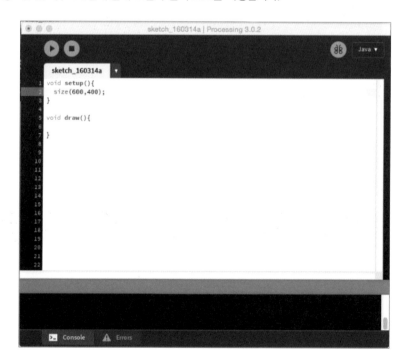

❻ 한 줄 띄우고 5번째 줄에 그림과 같이 코드를 작성합니다.

❼ 첫 번째 줄에 작성한 setup( ) 함수 안에 크기를 지정해봅니다. size(600,400); 을 써줍니다. 같은 방식으로 draw( ) 함수 안에는 ellipse(56,46,55,55); 를 써줍니다.

⑧ 위에 기록한 숫자는 ellipse(x, y, width, height);를 의미합니다. x와 y는 모양이 그려지는 위치의 좌표이며, width와 height는 각각 너비와 높이입니다.

과제
- size( )와 ellipse( ) 함수 안의 숫자를 다른 것으로 바꿔봅니다.
- 앞서 배웠던 RGB의 개념을 적용해볼 수 있습니다. fill(R,G,B); 함수를 사용하면 원하는 색을 채우는 것이 가능합니다. 새로운 함수를 석봉하여 색을 칠해봅시다.

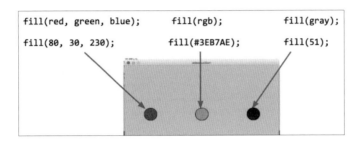

학습주제 코딩환경, 구문, 함수, ellipse 함수
- 자바 프로세싱에서 스케치 창은 코드를 입력하는 곳이고, '재생' 버튼을 누르면 결과가 표시되는 창이 열립니다. 이것이 자바 프로세싱의 코딩환경입니다.
- 구문은 코드를 작성할 때 지켜야 하는 문법과 같습니다. 컴퓨터는 생각보다 똑똑하지 않기 때문에, 사람이 작성한 명령어를 그대로 실행할 뿐입니다. 숫자를 틀리거나 ;를 생략하면 결과를 얻을 수 없습니다.
- 함수는 특정 작업을 수행하는 코드 모음입니다. 이 프로젝트에서는 draw( ), size( ), fill( ) 함수를 사용해보았습니다.
- ellipse 함수는 4개의 값을 가집니다. 각 함수는 이처럼 사용 방법이 있습니다.

토론 과제
- 스크래치나 앱인벤터에서 자바 프로세싱의 스케치 창과 결과 창에 해당하는 것은 무엇인가요?
- fill( ) 함수 외에 다른 방식으로 색을 칠할 수 있을까요? color( ) 함수가 있는지 확인해봅시다.
- 일상 생활에서 볼 수 있는 것들을 함수로 표현해봅시다. (예: 오트밀쉐이크(오트밀, 우유, 바나나), 벽색깔(파랑), 학교로이동(버스) 등)

자바스크립트 JavaScript

자바스크립트는 1995년 처음 등장한 이래 현재까지 널리 사용되는 언어입니다. 거의 모든 컴퓨터에서 자바스크립트를 실행할 수 있습니다.

자바스크립트는 HTML 및 CSS와 함께 웹에서 사용하는 핵심 기술입니다. HTML은 웹 페이지의 틀을 만드는 언어입니다. 제목의 위치, 메뉴의 위치 등을 HTML을 통해 구성할 수 있습니다. CSS는 틀 안에 세부적인 디자인을 하는데 사용됩니다. 글꼴, 글자 크기, 색깔, 페이지 배경, 텍스트 정렬 방법 등을 지정할 수 있습니다. 자바스크립트는 사용자와 웹 페이지가 상호작용하는 부분을 담당합니다. 팝업 창을 띄우거나 배너를 변경하여 보여주는 등의 역할을 합니다.

자바스크립트는 자바와 다릅니다

비슷한 이름으로 인해 많이 오해하지만, 자바스크립트는 자바와 다릅니다. 자바스크립트가 자바의 하위 언어도 아닙니다. 자바는 독립적으로 실행 가능한 프로그램을 만드는 객체 지향 언어인 반면, 자바스크립트는 독립적으로 실행 가능한 프로그램을 만드는데 사용하지 않습니다. 보통 자바스크립트는 HTML로 작성된 페이지 안에서 기능하며, 사용자와 웹 페이지가 상호작용 할 수 있도록 기능적인 부분을 담당합니다.

대부분의 프로그램이 웹을 기반으로 하고 있기 때문에, 자바스크립트는 모든 프로그래머가 기본적으로 알아두어야 할 언어입니다. 자바스크립트는 상대적으로 단순한 구문을 가지고 있어 아이들이 처음 배우는 구문 기반 언어로도 좋습니다.

자바스크립트만 배우는 것도 좋지만, HTML과 CSS를 함께 익혀 사용하는 것이 좋습니다. 따라서 기본적인 HTML과 CSS를 함께 다루는 프로젝트를 통해 세 가지 언어를 활용하여 간단한 웹 페이지를 만들어 보겠습니다.

프로젝트 1 **나의 홈페이지**

이름과 사진을 보여주는 웹 사이트를 만들어봅니다. 이후 다른 사이트로 연결되는 링크도 추가해보겠습니다.

시간: 45분
준비물: 코드펜(https://codepen.io)

방법 ❶ codepen.io 사이트에 접속하여 회원가입을 하고 계정을 만듭니다.

❷ HTML 창에 〈h1〉 태그를 사용하여 제목을 써줍니다. h1은 제목을 쓸 때 사용하는 태그입니다.

❸ 다음 줄에 〈p〉 태그를 사용하여 환영 인사를 써줍니다. p 태그는 단락paragraph라는 뜻입니다.

❹ 〈img〉 태그를 사용하여 그림을 넣어봅니다. 〈img scr="http://res.publicdomainfiles.com/pdf_view/1/13489758017633.png"〉라고 입력합니다.

❺ 〈h1〉 태그와 〈p〉 태그 사이에 〈hr〉 태그를 넣어 줄바꿈을 합니다. 이런 형태가 됩니다. 〈h1〉(제목)〈/h1〉

```
<hr>
<p>(환영인사)</p>
<img src=" http://res.publicdomainfiles.com/pdf_view/1/13489758017633.
png ">
```

❻ 좋아하는 페이지의 링크를 추가해봅니다. 〈a〉 태그를 사용합니다. 아래 예를 참고합니다.

```
<p>유튜브로 이동<a href=" http://youtube.com ">클릭</a></p>
```

❼ 같은 방식으로 좋아하는 동영상을 넣어봅니다. 유튜브에서 원하는 영상을 찾고, '공유' 버튼을 누르고 '퍼가기'를 누르면 작성되어있는 〈iframe〉 태그를 가져올 수 있습니다.

```
<iframe width=" 560 "  height=" 315 "  scr=" 유튜브에서  복사한  영
상의  주소 "  frameborder=" 0 "  allow=" accelerometer; autoplay;
clipboard-write; encrypted-media; gyroscope; picture-in-picture "
allowfullscreen></iframe>
```

과제
- 〈img〉 태그를 사용하여 가져온 이미지를 다른 것으로 바꾸어봅니다. 구글에서 원하는 이미지를 검색하고, 해당 이미지에서 마우스 오른쪽 클릭을 하면 "이미지 주소 복사"를 할 수 있습니다.
- 웹 페이지에 다른 비디오를 추가해봅니다.

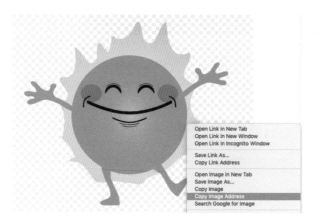

학습주제 **HTML 태그의 기본**

대부분의 HTML 태그는 여는 태그와 닫는 태그가 있습니다. 일반적으로 태그를 닫을 때는 앞에 '/'를 붙여줍니다.

토론 과제 좋아하는 웹 사이트의 HTML 태그를 확인해봅니다. 대부분의 웹브라우저에서 F12를 누르면 HTML 코드를 볼 수 있습니다.

프로젝트 2 **홈페이지 꾸미기**

앞에서 만든 웹 페이지를 CSS를 활용하여 조금 더 꾸며봅니다.

> **시간:** 1시간
>
> **준비물:** 코드펜

방법 CSS 창에 아래 코드를 입력합니다.
① h1 태그로 입력한 제목의 색깔을 파란색으로 바꿔봅니다.

```
h1{
    color: blue;
    }
```

❷ 글꼴과 글자크기를 변경합니다.[43]

```
h1{
    color: blue;
    font-family: Impact;
    font-size: 24px;
    }
```

❸ img 태그로 넣은 이미지의 크기를 바꿔봅니다.

```
img{
    width: 50px;
    height: 50px;
    }
```

❹ p 태그로 넣은 단락의 글꼴, 크기, 색상을 바꿔봅니다.

```
p{
    font-family: Arial;
    color: grey;
    font-size: 12px;
    }
```

과제
- 글자 크기와 글꼴을 바꿔봅니다.
- 글자 색상을 바꿔봅니다.
- 인터넷 검색을 통해 CSS로 배경색을 바꾸는 방법을 찾아 적용해봅니다.

학습주제 CSS

CSS는 웹 페이지의 다양한 요소들을 디자인 할 수 있습니다. 앞의 예제에서는 글꼴의 모양과 크기, 색상 변경과 이미지 크기 조정을 해보았습니다.

토론 과제
- 파란색이나 보라색으로 배경색을 바꾸고 싶다면 어떻게 해야 할까요? 웹에서 RGB 색깔 CSS를 검색해서 방법을 찾아봅니다.
- 더 많은 글꼴을 사용하려면 어떻게 할 수 있을까요? (fonts.google.com에서 웹 폰트를 검색 할 수 있습니다.)

---

[43] 한국어로 입력한 경우 글꼴이 변하지 않을 수 있습니다.

숫자 맞히기 게임

특정 범위 내의 숫자를 맞추는 간단한 웹 기반 대화형 게임을 만들어봅니다. 코드펜를 사용합니다.

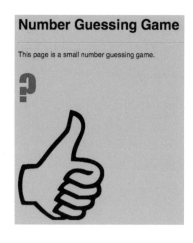

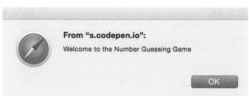

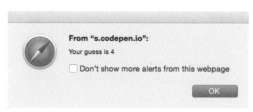

시간: 1시간 반

방법 ❶ 코드펜 사이트 Settings의 Behavior에서 Auto-Updating Preview 사용을 해제합니다. 이렇게 하면 코드를 작성하는 중 팝업창이 뜨지 않습니다.

❷ HTML 란에 소개 글을 작성합니다.

```html
<h1>Number Guessing Game</h1>
<hr>
<p>This page is a simple number guessing game.</p>
```

❸ JS에 아래 코드를 추가합니다.

```javascript
alert("Welcome to the Number Guessing Game!")
```

❹ 본격적으로 게임을 만들어보겠습니다. answer 변수를 만들어 임의의 수를 만들도록 합니다.

```javascript
alert("Welcome to the Number Guessing Game!")
var answer = Math.floor(Math.random()*10);
var userChoice = prompt("What's your guess?");
    alert("Your guess is " + userChoice);
```

❺ prompt( )는 사용자가 생각한 수를 입력받아 userChoice에 저장하는 역할을 합니다.

❻ alert( )은 사용자가 생각한 수를 표시합니다.

❼ if문을 추가하여 userChoice의 숫자가 정답인지 확인하는 코드를 넣어보겠습니다.

```javascript
if (userChoice == answer) {
alert("You are correct, the number is " + userChoice);
}
```

```
● JS
alert("Welcome to the Number Guessing Game!")
var answer = Math.floor(Math.random()*10);
var userChoice = prompt("What's your guess?");
alert("Your guess is " + userChoice);
if (userChoice == answer) {
  alert("You are correct, the number is " + userChoice);
}
else {
  alert("You are wrong, the number is " + answer);
}
```

⑧ 틀린 답을 입력했을 때 표시될 메시지를 코딩합니다.

```
else {
alert("You are wrong, the number is " + answer);
}
```

⑨ CSS를 사용하여 페이지 모양을 바꿔봅니다.

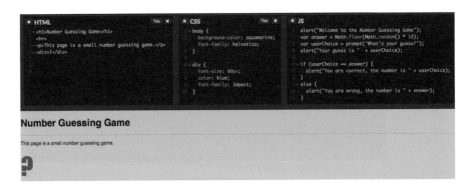

과제 예상한 숫자가 너무 높거나 낮을 때, 사용자에게 이를 전달하도록 해봅니다.

학습주제 alert( ), prompt( ), 변수, 조건
쉽지 않은 프로젝트를 잘 끝내셨습니다!

- alert( ) 함수는 웹 페이지에 팝업을 띄워주는 역할을 합니다.
- prompt( )는 팝업을 띄워 사용자의 입력을 받습니다.
- 위 프로젝트에서 'answer', 'userChoice'라는 두 개의 변수(var)를 만들었습니다.
- If와 else문을 사용하여 조건문을 사용했습니다.

토론 과제
- 'Math.random'이 의미하는 것은 무엇인지 찾아봅니다. 웹에서 "Math.random JavaScript" 를 검색해보세요.
- =와 ==가 다르게 사용된다는 것을 알고 있었나요? 두 부호의 차이가 무엇인지 알아봅시다.
- var로 선언한 변수에 숫자 외에 다른 것을 데이터로 저장할 수 있을까요? ("자바스크립트 변수 데이터 유형"을 웹에서 검색해보세요)

해결책 찾아보기

소프트웨어 개발자는 적절한 검색어를 활용하여 해결책을 찾는 기술을 익혀야합니다. 호기심이 생길수록, 창의성을 더 발휘하고 싶어질수록 봐야하는 참고 자료가 많아질 것입니다. 인터넷에는 거의 모든 필요한 자료들이 있기에, 검색을 활용하면 원하는 답을 찾을 수 있습니다.

대체로 다음과 같은 방법으로 해결 방법을 찾을 수 있습니다.

"프로그래밍 언어 이름 + 개념 또는 주제 + 기타 키워드"

이를 활용하여 아래와 같은 검색어를 사용할 수 있습니다.

- 자바스크립트 변수 데이터 사용
- CSS h1 글꼴 변경

코딩을 계속 공부하다 보면, 어떤 사이트에서 검색하는 것이 좋은지 알게 될 것입니다. 아래 사이트들은 개발자들이 많이 이용하는 곳입니다.

- w3schools(https://www.w3schools.com)
- 모질라^Mozilla 개발자 네트워크(MDN)(https://developer.mozilla.org) (한국어 지원)
- 스택오버플로우(https://stackoverflow.com)
- 코드 아카데미(https://www.codeacademy.com)
- 유데미(https://www.udemy.com)(한국어 지원)
- 팀 트리하우스(https://teamtreehouse.com)

자바스크립트로 복잡한 웹 사이트를 만들 수 있습니다. 사실 거의 대부분의 웹 사이트는 자바스크립트로 만들어져 있습니다. 예를 들어, 페이스북은 페이지를 아래로 끊임없이 내릴 수 있는데, 이런 '무한 스크롤'도 자바스크립트로 구현한 것입니다. 이 기능은 페이지의 특정 부분까지 내리면 바로 다음 페이지를 불러올 수 있도록 짜여진 것입니다. 만약 페이스북에 이 기능이 없다면, 페이지에서 아직 보이지 않는 부분까지 모두 불러와야 하기 때문에 원활하게 사용하는 것이 어려웠을 것입니다.

이처럼 자바스크립트는 웹 사이트 뒤에서 작동하며 사이트를 좀 더 사용자 친화적으로 만들어 줍니다.

09

12세 이상을 위한 코딩: 응용

어린이와 청소년들은 복잡한 세상의 변화를 마주하기 위해 상상력의 근육을 단련해야 합니다.

– 팀 브라운Tim Brown, IDEO 창립자

블록 기반 언어와 구문 기반 언어에 익숙해졌다면 이제는 실제로 프로그램을 만들어 볼 수 있습니다. 8장에서 했던 것과 같은 방식으로, 이번 장에서도 인터넷에서 필요한 정보를 스스로 찾아보는 것을 추천합니다. 코딩 학습에서 중요한 것은 스스로 배울 수 있는 능력입니다. 모든 프로그래밍 언어는 시간이 지날수록 그 쓰임새가 달라지기 때문에, 최신의 언어를 항상 배울 수 있는 능력이 필요합니다. 12세 이상의 청소년은 교사의 지시에 따라 프로젝트를 수행하는 것을 넘어서는 단계까지 가야합니다. 스스로 새로운 프로그램을 코딩할 수 있는 능력을 갖추어야 합니다.

목표

학습 방법 익히기

블록 기반 언어와 구문 기반 언어에 익숙해진 시점에서, 자신만의 학습 방법을 정립하는 것이 좋습니다. 다른 사람이 만든 코드를 보며 분석해보고, 인터넷에서 기술 문서를 찾아 읽어보도록 합니다. 이 연령대에서는 자신이 습득한 것을 자신이 만들고자 하는 프로젝트에 적용해보고, 책이나 교사의 지도 없이 스스로 생각하며 코딩할 수 있도록 연습해야 합니다.

사용자의 공감 얻기

이 연령대는 자신과 가족, 친구뿐만 아니라 지역사회를 위한 프로젝트를 기획하고 만들 수 있습니다. 이 과정을 통해 다른 이들을 위한 프로젝트를 고민하고 도전할 수 있습니다.

디자인 사고 능력 키우기

디자인 사고는 사용자의 공감을 이끌어내고 프로그램을 사용자 중심적 관점으로 만들기 위해 필요한 능력입니다. 디자인 사고는 프로그래밍만 생각했을 때 발생할 수 있는 부족한 부분을 보완해주는 역할을 합니다. 공감, 문제 정의, 브레인스토밍, 시제품 개발, 피드백 수용과 같은 절차를 통해 단순한 코딩을 넘어 문제와 필요성을 포괄적으로 생각할 수 있게 됩니다.

부모의 역할

도전할 수 있도록 격려하기

자신의 생각을 코딩을 통해 실현하는 것에는 옳고 그름이 없습니다. 코드를 작성하고, 수정하고, 과제를 해결해가는 과정에서 좀 더 다양한 방법을 시도할 수 있도록 격려해줍니다.

피드백 주기

자녀가 만든 결과물의 첫 번째 사용자가 되어 직접적으로 피드백을 줍니다. 이 과정을 통해 아이는 공감 능력을 배우고 사용자 중심적으로 문제를 해결하는 방법을 익히게 됩니다.

공통의 문제 찾기

코딩은 우리 주변의 문제를 해결하는데 유용합니다. 아이가 일상생활에서 일어나는 문제를 해결하게 되면, 자신감을 가질 수 있습니다. 부모는 생활 속 문제를 알려주고, 이 문제의 해결을 요청할 수 있습니다. 예를 들어, 가족 구성원의 일정을 쉽게 공유하기 위해 캘린더 앱을 만들도록 요청할 수 있습니다.

프로그래밍 도구

이 연령대에서는 스크래치나 앱 인벤터같은 블록 기반 언어 사용 능력을 확실히 다지고, 자바스크립트나 파이썬을 확실히 이해하도록 합니다.

이 연령대에 적합한 몇 가지 고급 프로그래밍 언어를 소개합니다.

파이썬

자바스크립트와 마찬가지로, 파이썬은 현대 기술 산업이나 플랫폼에서 가장 널리 사용되는 언어 중 하나입니다. 파이썬은 구글이나 페이스북처럼 데이터 분석을 주 업무로 하는 기업에서 중요하게 사용됩니다. 최근에는 대학의 컴퓨터 과학 전공 과정에서 배우는 첫 번째 언어로도 활용되고 있습니다.

파이썬은 완벽한 구문 기반 객체 지향 프로그래밍 언어입니다. 파이썬은 문법이 단순하고 세미콜론(;)이나 중괄호({ })가 많지 않아 빠르게 익힐 수 있습니다. 또한 고급 프로그래밍 개념을 배우기에도 좋은 언어입니다. 파이썬은 텍스트 위주로 사용하는 언어입니다.

프로젝트 1 슈퍼 히어로 맞추기

사용자가 생각한 히어로가 어떤 마블 히어로인지 맞추는 퀴즈를 만들어봅니다.

> **시간:** 1시간
> **준비물:** 코더패드(http://coderpad.io)

방법 ❶ 모든 프로젝트는 목표를 명확히 하고 계획하는 것입니다. 순서도를 그리면 이것을 쉽고 명확하게 할 수 있습니다. 순서도는 다음과 같이 그립니다.

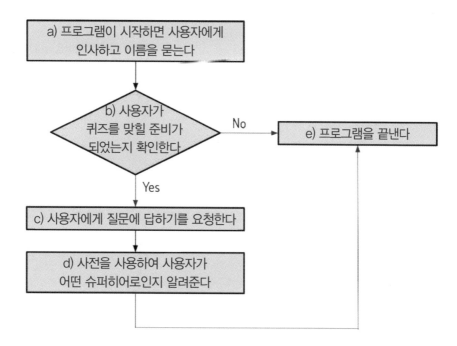

a) 프로그램이 시작하면 사용자에게 인사하고 이름을 묻는다

b) 사용자가 퀴즈를 맞힐 준비가 되었는지 확인한다

No

e) 프로그램을 끝낸다

Yes

c) 사용자에게 질문에 답하기를 요청한다

d) 사전을 사용하여 사용자가 어떤 슈퍼히어로인지 알려준다

❷ 코더패드에 가입한 후 새 패드를 만듭니다. 여기서 파이썬 코드를 입력할 수 있습니다. 먼저 그림처럼 히어로 목록을 작성합니다. 이것을 '사전'이라 부르겠습니다.

```
dictofHeroes = {
    " AAA " : " 스타로드 ",
    " AAB " : " 드랙스 ",
    " ABA " : " 블랙 팬서 ",
    " ABB " : " 닥터 스트레인지 ",
    " BAA " : " 윈터 솔져 ",
    " BAB " : " 로켓 라쿤 ",
    " BBA " : " 캡틴 아메리카 ",
    " BBB " : " 아이언맨 ",
    " CAA " : " 그루트 ",
    " CAB " : " 헐크 ",
    " CBA " : " 스파이더맨 ",
    " CBB " : " 맨티스 ",
    " DAA " : " 타노스 ",
    " DAB " : " 토르 ",
```

```
                    " DBA " : " 호크아이 ",
                    " DBB " : " 블랙 위도우 " }
```

❸ name 변수를 만들고, input( ) 함수를 사용하여 사용자 이름을 입력받습니다. 여기서 입력된 값은 name 변수의 값이 됩니다.

```
name = input ( " 안녕하세요! 이름이 무엇인가요? \n " )
```

❹ 사용자가 시작할 준비가 되었는지 묻는 answer 변수를 만듭니다.

```
answer = input ( " 안녕하세요 %s, 어떤 마블 히어로인지 알 준비가
되었나요? Y/N: \n " % name)
```

❺ 세 가지 질문을 만듭니다. 첫 번째 질문에 대한 답은 A~D 네 가지 보기 중 하나를 선택합니다. 두 번째와 세 번째는 보기 A, B 중 하나를 선택합니다.

```
        qn1 = input ( " 그럼 시작합시다 %s! 첫 번째 질문입니다. 어떤 색을
가장 좋아하나요? (A, B, C, D 중 고르세요.) \n A) 파랑 \n B) 빨강 \n c)
녹색 \n D) 노랑\n " % name)
        qn2 = input(" 두 번째 질문입니다. 어떤 사람이 고양이를 때리는 것
을 보면 어떻게 할 건가요? \n A) 못 본 척 하고 그냥 간다. \n B) 못 때
리게 하고 고양이를 구한다. \n ")
        qn3 = input(" 마지막 질문입니다. 가장 좋아하는 향은 무엇인가
요?\n A) 초콜릿 향 \n B) 딸기향\n ")
```

❻ if문을 사용하여 사용자가 대답을 할 준비가 되었을 때 결과를 출력하도록 합니다.

```
if answer.upper() == " Y "
        qn1 = input ( " 그럼 시작합시다 %s! 첫 번째 질문입니다. 어떤 색을
가장 좋아하나요? (A, B, C, D 중 고르세요.) \n A) 파랑 \n B) 빨강 \n c)
녹색 \n D) 노랑\n " % name)
        qn2 = input(" 두 번째 질문입니다. 어떤 사람이 고양이를 때리는 것
을 보면 어떻게 할 건가요? \n A) 못 본 척 하고 그냥 간다. \n B) 못 때
```

리게 하고 고양이를 구한다. \n")
```
        qn3 = input("마지막 질문입니다. 가장 좋아하는 향은 무엇인가
요?\n A) 초콜릿 향 \n B) 딸기향\n")
```

⑦ 2번에서 만든 사전에서 데이터를 가져오도록 합니다. 사용자가 입력한 세 가지 값을 연결하여
세 개의 알파벳으로 연결된 문자열을 만듭니다. (예: AAB, ABB 등)

```
choice = qn1 + qn2 + qn3
```

⑧ 사용자가 y를 입력하면 사용자가 5번 코드에 대해 응답한 세 가지 문자열을 조합한 값을 2번의
사전에서부터 가져와 출력하도록 합니다.

```
wait = input("당신이 어떤 마블 히어로인지 알았어요. 대답을 듣고 싶나
요? Y/N:\n")
if wait.upper() == "Y":
```

⑨ 사용자가 n을 입력하면 퀴즈를 종료하는 코드를 넣습니다.

```
else:
    print("아, 그러면 다음에 만나요!")
```

⑩ if문의 전체 코드는 다음과 같습니다.

```
if answer.upper() == "Y"
    qn1 = input ("그럼 시작합시다 %s! 첫 번째 질문입니다. 어떤 색을
가장 좋아하나요? (A, B, C, D 중 고르세요.) \n A) 파랑 \n B) 빨강 \n c)
녹색 \n D) 노랑\n" % name)
    qn2 = input("두 번째 질문입니다. 어떤 사람이 고양이를 때리는 것
을 보면 어떻게 할 건가요? \n A) 못 본 척 하고 그냥 간다. \n B) 못 때
리게 하고 고양이를 구한다. \n")
    qn3 = input("마지막 질문입니다. 가장 좋아하는 향은 무엇인가요?\n
A) 초콜릿 향 \n B) 딸기향\n")
```

```
        choice = qn1 + qn2 + qn3

        wait = input(" 당신이 어떤 마블 히어로인지 알았어요. 내답을 듣고
싶나요? Y/N:\n ")

        if wait.upper() == " Y ":
            print(" 당신은 %s 입니다. " % dictofHeroes[choice.upper()])

    else:
        print(" 아, 그러면 다음에 만나요! ")
```

과제
- 퀴즈의 질문, 보기, 히어로를 더 추가해보세요.
- 사용자가 잘못된 값을 입력하는 경우에도 대처할 수 있도록 수정해봅니다.

학습주제 순서도, 입력, 출력, 사전
- 순서도: 순서도는 프로그래밍 과정을 시각적으로 표현합니다. (다른 방법으로는 '의사코드 pseudocode'라는 방법이 있습니다. 이에 대해서는 뒤에 다루도록 하겠습니다.)
- 입력: 파이썬의 input( ) 함수는 자바스크립트의 prompt( ) 함수처럼 사용자로부터 정보를 입력받는 함수입니다.
- 출력: print( ) 함수는 괄호 안에 있는 것을 출력하는 함수입니다.
- 사전: 사전은 키와 값이 정해진 데이터의 모음입니다. 앞에서 배운 리스트는 단순히 항목이 나열된 것이지만, 사전은 키와 값이 서로 쌍을 이룹니다. 예를 들어 앞에서 작성한 사전에서 AAA는 스타로드와 쌍입니다. AAA가 호출된 경우, Starlord를 출력하는 것입니다. 사전의 시작과 끝은 대괄호 "{ }"를 사용하고, 키와 값을 쌍으로 만들 땐 ":"를, 하나의 키와 값의 쌍과 다른 쌍을 구분할 땐 ","를 사용합니다.

토론 과제
- 사전의 예를 만들어봅니다. (예: 유튜브채널호스트진짜이름={"퓨디파이PewDiePie": "펠릭스 아비드 울프 젤버그Felix Arvid Ulf Kjellberg"}

```
좋아하는디저트={ " 다니엘 " : " 레드 벨벳 케이크 ",
 " 버니스 " : " 티라미수 ",
 " 루비 " : " 초콜릿 케이크 "}
```

- 리스트와 사전의 차이점을 이야기해봅시다.

순서도flowcharts와 의사코드pseudocode

순서도

순서도는 알고리즘을 도형으로 표현한 것입니다. 프로그램의 논리 흐름을 파악하고 설명하는데 유용합니다. 순서도는 코딩과 디버깅, 프로그램 분석을 효율적으로 할 수 있도록 해줍니다.

기호	이름 및 목적	기능
→	흐름선	각 기호의 연결 및 흐름 표시
(단말)	단말(터미널)	순서도의 시작과 끝을 의미
평행사변형	입출력	데이터를 입력하거나 출력
사각형	처리	처리 과정 단계를 의미
마름모	판단	논리적 분기가 필요한 경우
원	연결자	다른 흐름선과 연결
역삼각형	연결자	다른 순서도와 연결
이중사각형	종속처리(서브루틴)	부 프로그램 호출

의사코드

의사코드는 프로그램의 논리를 설명하고 분석하는데 유용한 도구입니다. 의사코드는 알고리즘의 논리 흐름을 자연스럽게 설명하는데 사용됩니다. 실제 프로그래밍 언어의 구조적 규칙을 따라 작성되지만, 기계가 아니라 사람이 읽기 위한 코드입니다. 구문 코딩을 하기 전에 의사코드나 순서도로 프로그램을 작성해보는 것이 좋습니다.

아래는 위 프로젝트의 의사코드입니다.

1. 사용자에게 인사 출력
2. 사용자의 입력값과 히어로를 매칭하여 저장하는 히어로 사전 만들기
　　가. 사용자가 퀴즈를 시작할 준비가 되었는지 묻기
　　나. 대답을 answer 변수에 저장하고 y라면,
　　다. 첫 번째 질문을 출력하고 대답을 qn1 변수에 저장

라. 두 번째 질문을 출력하고 대답을 qn2 변수에 저장

마. 세 번째 질문을 출력하고 대답을 qn3 변수에 저장

3. qn1, qn2, qn3을 연결하여 저장하는 변수(choice) 만들기

4. 사용자에게 퀴즈의 대답을 볼 준비가 되었는지 묻기

5. 대답이 yes라면 결과를 출력

6. 대답이 no라면 퀴즈 종료 문장 출력

프로젝트 2 ## 숫자 맞히기 게임

컴퓨터가 임의의 숫자를 정하고 사용자가 그 숫자를 맞추는 게임을 만들어봅니다. 먼저 사용자의 이름을 묻고, 사용자가 대답한 숫자가 정답과 얼마만큼 차이가 나는지 알려주고, 사용자는 최대 다섯 번 응답할 수 있도록 합니다. 사용자가 정답을 맞추면 몇 번 만에 정답을 맞췄는지 출력하도록 합니다.

```
== RESTART: C:\Users\acer\Desktop\AC401 Python 1\Project
Hello! What is your name?
Gokul
Well, Gokul, I am thinking of a number between 1 and 20.
Take a guess.
10
Your guess is too high.
Take a guess.
5
Your guess is too low.
Take a guess.
7
Your guess is too low.
Take a guess.
8
Good job, Gokul! You guessed my number in 4 guesses!
```

시간: 1~1시간 반

준비물: 코더패드

방법 ① 순서도를 그립니다.

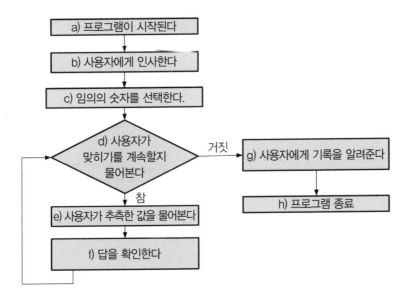

② 파이썬에서 난수를 생성하는 방법을 인터넷에서 검색해봅시다.

③ 아래 함수를 random 모듈에서 찾을 수 있습니다.

```
import random
```

④ 필요한 모든 모듈을 가져옵니다.

⑤ input()을 사용하여 사용자의 이름을 입력받습니다.

```
myName = input(" 안녕하세요! 당신의 이름은 무엇인가요? \n ")
```

⑥ random.randin 시작하는 수, 끝나는 수 함수를 사용하여 임의의 숫자가 number 변수에 저장되도록 합니다. 그리고 컴퓨터가 처리 중임을 나타내는 문장을 출력하도록 합니다.

```
number = random.randint (1,20)
print(" 잠시만요, " + myName + " , 1부터 20 사이의 숫자 한 개를 생각
중이예요. ")
```

❼ 사용자가 대답한 횟수를 guessesTaken 변수에 저장하도록 합니다. 아래 코드를 사용합니다.

```
guessesTaken = 0
```

❽ 사용자가 대답한 횟수가 5번이 넘지 않도록 해야 합니다. while문을 사용하여 이에 대한 조건을 설정해줍니다.

```
while guessesTaken < 6:
    print("숫자를 맞혀 보세요.")
    guess = input()
guess = int(guess)

    guessesTaken = guessesTaken + 1
```

❾ 사용자의 대답과 프로그램이 임의로 선택한 숫자 사이의 차이를 알려줍니다.

```
if guess < number:
    print("입력한 값은 정답보다 작습니다.")
elif guess > number:
    print("입력한 값은 정답보다 큽니다.")
else:
    break
```

가. 사용자의 입력 값이 임의로 선택한 숫자보다 더 작다면 '작음'을 출력합니다.

나. 사용자의 입력 값이 임의로 선택한 숫자보다 더 크다면 '큼'을 출력합니다.

다. 사용자의 입력 값이 임의로 선택한 숫자와 같으면 루프가 끝납니다.

❿ 사용자가 입력한 값이 맞으면 정답이라고 출력하고, 시도 횟수를 출력합니다.

```
if guess == number:
    guessesTaken = str(guessesTaken)
    print("잘했어요, " + myName + ", " + guessesTaken + " 회 시도
후에 정답을 맞혔습니다.")
```

⑪ 대답 횟수가 6회 이상이 되면 컴퓨터가 임의로 선택한 숫자를 보여줍니다.

```
else:
    number = str(number)
    print("틀렸어요. 제가 생각한 숫자는" + number)
```

과제
- 사용자가 직접 대답 횟수를 설정할 수 있도록 해봅니다. (힌트: 다른 변수를 만들어야 합니다.)
- 게임이 끝나면, 재시작이 가능하도록 해봅니다.

학습주제 **조건문, 루프**
- 조건문: 사용자의 대답이 정답보다 크거나 작은 경우, 혹은 정답과 같은 경우 그에 해당하는 결과를 출력합니다.
- 루프: 루프를 사용하여 사용자에게 5번의 기회를 줍니다.

토론 과제
- 자바스크립트와 파이썬 코드의 공통점과 차이점은 무엇인가요?
- 자바스크립트로 만든 숫자 맞히기 게임과 파이썬으로 만든 숫자 맞히기는 어떤 차이가 있었습니까?

코드 비교하기

같은 목표를 가진 두 개의 프로젝트를 자바스크립트와 파이썬으로 각각 만들어보았습니다. 이 두 가지를 비교하는 것은 흥미로운 일입니다. 두 언어 문법의 공통점과 차이점을 말해봅시다. 예를 들면 다음과 같은 차이가 있습니다.

사용자에게 정보를 출력하는 방식
- 자바스크립트: alert( );
- 파이썬: print( )

사용자에게 입력을 받는 방식
- 자바스크립트: prompt( );
- 파이썬: input( )

변수 만들기
- 자바스크립트: var 변수이름 = 변수 동작
- 파이썬: 변수이름 = 변수 동작

위와 같이 언어마다 문법은 다르지만, 기본 개념은 같습니다. 따라서 첫 번째 구문 기반 언어를 확실히 익히면, 다른 언어를 익히는데 도움이 됩니다.

스위프트Swift

스위프트는 애플에서 개발한 프로그래밍 언어로 iOS용으로 만들어졌습니다. 자바스크립트나 파이썬과 비교하면 비교적 복잡한 구문을 가지고 있습니다. 반면에 iOS 프로그래밍 언어인 오브젝티브-CObjective-C보다는 간단합니다. 스위프트는 중고급 언어로 분류됩니다. 그렇기 때문에 자바스크립트나 파이썬을 통해 구문 기반 언어에 익숙한 아이들에게 적합합니다.

엑스코드Xcode는 스위프트와 오브젝티브-C 개발을 위한 애플의 통합 개발 환경Integrated Development Environment, IDE입니다. 엑스코드를 사용하면 코딩부터 앱 테스트, 앱스토어 업로드까지 한 번에 할 수 있습니다.

엑스코드 설정하기[44]

 ① 엑스코드를 설치합니다. 앱스토어에서 받을 수 있습니다.
② 엑스코드를 엽니다.
③ 상단 메뉴에서 환경설정을 클릭합니다.

---

[44] 엑스코드는 Mac에서만 사용할 수 있습니다. (편집자 주)

④ "계정" 탭을 선택합니다.

⑤ "+" 버튼을 눌러 계정을 추가합니다.

⑥ 애플ID 추가를 선택합니다.

⑦ 애플ID와 암호를 입력합니다.

⑧ (이중 인증이 활성화 된 경우 연결된 기기로 전송된 코드를 입력하여 로그인합니다.)

⑨ 프로젝트를 엽니다.

⑩ 장치를 연결합니다.

⑪ 앱이 설치될 장치를 선택합니다.

프로젝트 1 **섭씨-화씨 변환계**

화씨 온도를 섭씨 온도로 변환해주는 프로그램을 만들어봅시다.

```
27.5 degrees Celsius is 81.5 degrees Fahrenheit
100.0 degrees Fahrenheit is 37.77777777777778 degrees Celsius
```

방법 ❶ temp를 상수로, 변환 값을 변수로 선언합니다.

```
var temp = 27.5

var celsiusToFahrenheit = temp * 1.8 + 32
```

❷ 계산된 값을 출력합니다.

```
let sentence = String(temp) + " degrees Celsius is " +
    String(celsiusToFahrenheit) + " degrees Fahrenheit"

print(sentence)
```

과제
- 섭씨 온도를 화씨 온도로 바꾸는 프로그램을 만들어봅니다.
- 시간을 초로, 초를 시간으로 바꾸는 프로그램을 만들어봅니다.
- 다른 단위를 서로 변환하는 프로그램을 만들어봅니다.

학습주제 변수, 합치기
- 변수: 스위프트에서 변수를 선언하는 것을 배웠습니다.
- 합치기는 여러 문자열을 조합하는 방식입니다. 스위프트에서는 "+"를 사용하여 연결합니다.

프로젝트 2 윤년 계산기

특정 연도가 윤년인지를 알려주는 간단한 계산기를 만들어 봅시다. 윤년은 2월이 29일까지 있어 한 해가 366일인 해입니다. 연도를 4로 나누어 딱 떨어지면 그 해는 윤년입니다.

> **시간**: 45분~1시간
> **필요한 개념**: 윤년 계산(연도/4의 나머지가 0이면 윤년, 그렇지 않으면 윤년 아님)
> **앱 디자인 요소**: 라벨, 텍스트 필드, 버튼

Leap Year Calculator

Enter a year in the space below!

Check

Year 2009 is not a leap year!

방법 ① 제목 추가

가. 레이블을 편집기 안으로 가져옵니다.

나. 레이블의 이름을 "Leap Year Calculator"로 바꿉니다.

다. 레이블의 크기를 적당하게 조정합니다.

라. 화면 중앙에 정렬합니다.

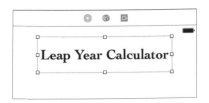

② 설명 추가

가. 레이블을 편집기 안으로 가져옵니다.

나. 사용자를 위한 설명을 입력합니다. (한국어로 할 수 있습니다.)

다. 화면 중앙에 정렬합니다.

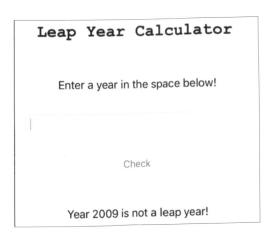

③ 텍스트 필드를 편집기 안으로 가져와 제목 아래 놓습니다.

④ 텍스트 필드의 입력을 숫자 패드로 변경합니다.

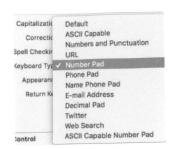

❺ 확인 버튼 추가하기

　　가. 버튼을 편집기로 가져옵니다.

　　나. 가져온 버튼을 텍스트 필드 아래 배치합니다.

　　다. 버튼의 이름을 "Check!"로 바꿔줍니다.

❻ 결과 출력

　　가. 레이블을 편집기로 가져옵니다.

　　나. 버튼 아래에 둡니다.

　　다. 이름을 바꾸거나 비워둡니다.

❼ 앱 디자인이 다 끝났습니다.

⑧ 추가한 컴포넌트들을 ViewController와 연결해줍니다. 상단의 '보조 편집기'를 누릅니다.

⑨ 텍스트 필드를 선택하고 컨트롤 키를 누른 상태에서 보조 편집기로 가져갑니다.

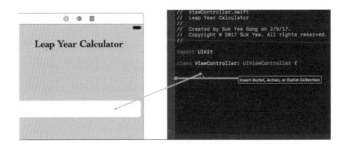

⑩ 그림과 같이 속성을 지정합니다. 이후 'Connect'를 눌러 연결합니다.

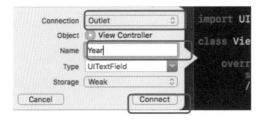

⑪ 5번에서 추가한 버튼에도 같은 방식으로 속성을 지정하고 연결합니다.

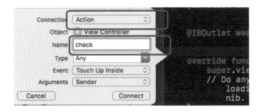

⑫ 6번에서 추가한 결과 출력 레이블도 같은 방식으로 해줍니다.

⑬ 입력된 연도가 4로 나누어지는지 확인합니다.

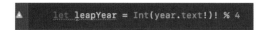

⑭ iOS 장치를 연결합니다.

⑮ 연결한 장치를 시뮬레이터로 선택합니다.

⑯ 실행 버튼을 누르면 앱이 기기로 전송됩니다. 잠시 기다립니다.

⑰ 기기에 앱이 설치된 것을 확인합니다.

과제 • 기본적으로 연도를 4로 나누어 나머지가 0이면 윤년이지만, 연도가 100의 배수라면 해당되지 않습니다. 어떻게 코드를 바꾸어야 할까요?

• 윤년과 윤년이 아닌 해를 나타내는 각각의 이미지를 찾아 입력한 연도에 따라 해당되는 이미지가 출력되도록 프로그래밍 해봅니다.

학습주제 **조건문, 나눗셈의 나머지**

• 조건문은 앞서 사용한 것과 같은 개념으로, 이 프로젝트에서도 반복하여 사용했습니다.

• 나눗셈의 나머지를 계산하는 방법을 알아보았습니다.

토론 과제 • 나눗셈의 나머지를 활용하는 프로그램을 생각해봅니다.

유니티 Unity

유니티는 2D 및 3D 게임을 만들 수 있는 엔진입니다. 유니티는 C# 기반으로 작동하며, 윈도우와 맥 모두에서 사용할 수 있습니다.

유니티로 게임을 만든다는 것은 게임을 좋아하는 청소년에게는 꿈같은 일이 될 것입니다. 유니티로 3D 게임을 만들고, 캐릭터를 프로그래밍하고, 게임의 작동 코드를 만들 수 있습니다.

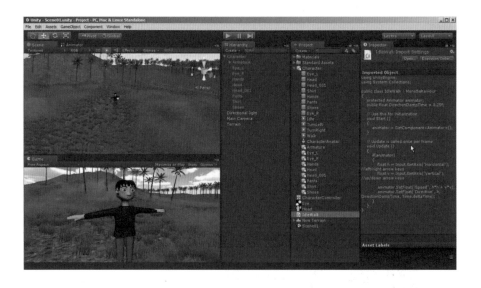

C#는 문법이 복잡한 언어입니다. 그렇기에 자바스크립트나 파이썬같은 언어의 기초를 확실히 다지고 시작하는 것이 좋습니다.

유니티를 사용하여 3D 세계를 만들어봅니다. 유니티로 코딩을 하기 위해서는 먼저 인터페이스에 익숙해져야하고, '프리팹prefab'을 잘 활용할 수 있어야합니다. 프리팹은 게임 오브젝트와 컴포넌트, 그리고 속성들을 묶어 에셋asset 형태로 저장한 것으로, 복잡한 설정 없이 바로 게임에 적용할 수 있습니다.

이 프로젝트에서는 에셋을 가져오는 두 가지 방법을 배웁니다. 한 가지는 유니티 에셋 스토어에서 3D 에셋을 가져오는 방법이고, 다른 하나는 C# 스크립트를 다운로드하여 사용하는 것입니다. 이렇게 모은 에셋을 사용하여 3D 세계를 구현해 볼 것입니다.

시간: 2시간
준비물: 유니티(https://unity.com/kr)

방법 ❶ 유니티에서 새로운 프로젝트를 생성합니다

❷ 먼저 유니티의 인터페이스에 대해 알아봅니다. 화면 하단의 에셋 워크플로우Assets Workflow 창은 현재 프로젝트에 사용할 수 있는 모든 파일을 보여줍니다. 왼쪽의 하이어라키Hierarchy 창에는 현재 씬scene에 있는 모든 게임 오브젝트 목록이 있습니다. 오른쪽 인스펙터Inspector 창에는 현재 선택된 게임 오브젝트의 세부 사항이 표시됩니다. 가운데 있는 씬 뷰Scene View에는 제작중인 3D 세계가 표시됩니다.

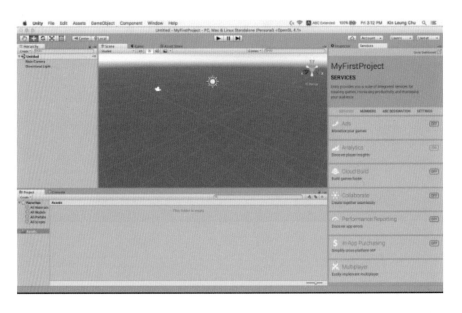

③ 하이어라키 창에서 마우스 오른쪽 클릭 후 '평면plane'을 만듭니다.

④ 크기와 위치를 조정합니다.

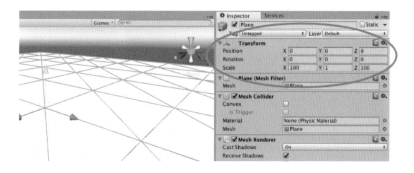

가. 위치position을 x:0, y:0, z:0으로 설정합니다.

나. 배율scale을 x:100, y:1, z:100으로 설정합니다.

⑤ 상단 메뉴의 [Window] – [Asset Store]를 클릭합니다.

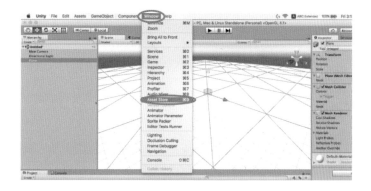

⑥ 에셋 스토어에서 'Mini Mike's Mini Metros'를 검색합니다.

⑦ 에셋을 가져옵니다. (로그인이 필요합니다.)

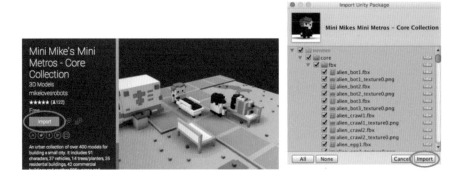

⑧ Import 버튼을 클릭하여 가져오기를 완료하면 화면 하단 에셋 워크플로우 창에 가져온 파일이
표시됩니다.

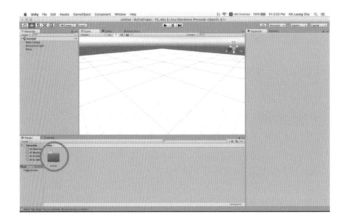

⑨ 하단 창에서 [Assets] – [mmmm] – [core] – [prefabs]로 들어가서 원하는 프리팹을 골라 씬
으로 가져옵니다.

⑩ 가져온 프리팹의 배율을 x:1, y:1, z:1로 설정합니다.

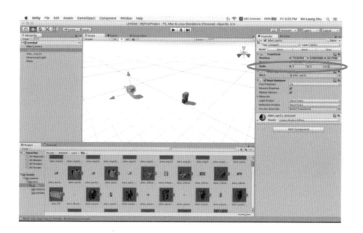

⑪ 위와 같은 방법으로 다양한 프리팹을 씬에 배치해봅니다.

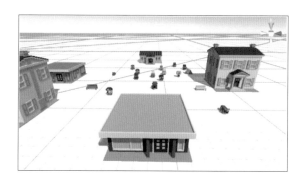

⑫ 이제 플레이어를 추가해보겠습니다.

가. Hierarchy 창에서 마우스 오른쪽 클릭 후 'Create Empty'를 클릭합니다.

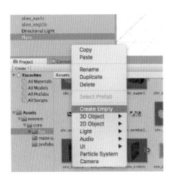

나. 생성된 GameObject를 오른쪽 클릭 후 'Rename'하여 이름을 'Player'로 변경합니다.

다. 우측 창에서 'Add Component'를 눌러 컴포넌트를 추가합니다. Physics를 선택하고 Capsule Collider를 선택합니다.

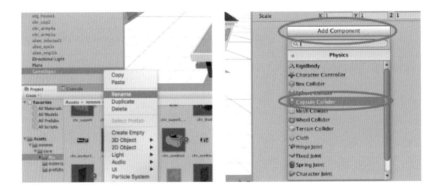

⑬ 같은 방식으로 Physics를 선택하고 Rigidbody 컴포넌트를 추가합니다.

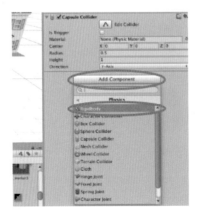

⑭ 컴포넌트를 추가하고 New Script를 선택합니다. 스크립트의 이름은 scr_characterMovement
로 하고, 언어는 C#으로 설정합니다.

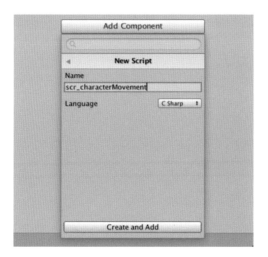

⑮ 생성된 스크립트를 더블클릭하면 소스 코드가 열립니다.

⑯ 위 그림처럼 소스코드를 입력합니다.

⑰ 마우스 오른쪽 버튼을 누른 상태로 움직이면 카메라를 돌릴 수 있습니다. 마우스 오른쪽 버튼을
누른 상태로 W,A,S,D 키를 누르면 씬 주위를 날아다니는 것처럼 보입니다.

⑱ Hierarchy 창에서 Main Camera를 Player 아래로 이동합니다.

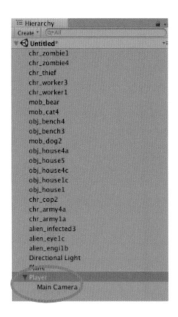

⑲ 화면 상단의 Play 버튼을 눌러 테스트해보세요.

도전 과제 에셋 스토어에 접속하여 무엇이 있는지 살펴보고, 다른 에셋도 다운로드 해봅니다. 새로 받은 에셋으로 다른 분위기의 마을을 만들어봅니다.

학습주제 유니티에서 에셋을 사용하여 간단한 3D 세계를 만드는 방법을 배웠습니다.

디자인 사고

디자인 사고는 창의적으로 문제를 해결하기 위해 필요한 방법입니다. 디자인 사고는 공감, 문제 분석, 아이디어 도출, 시제품 구상, 테스트 단계를 거칩니다. 디자인 사고는 사용자 중심으로 문제를 보고 해결하기 위해 사용자의 생각과 필요를 이해하고 받아들이는 것을 목표로 합니다.

프로젝트 **음악을 어려워하는 학생들을 위한 음악 수업 재구성**

이 프로젝트는 꼭 코딩으로 풀어야 하는 과제는 아닙니다. 문제 해결을 위한 다양한 방법을 사용할 수 있습니다.

시간: 1~1시간 반

방법 ① 두 사람이 짝을 지어 먼저 시작할 사람을 정합니다. 번갈아가며 서로에게 같은 질문을 합니다.

② 공감하기: 질문과 답을 주고받으며 상호작용을 관찰해봅니다. 문제를 발견했을 때 어떤 감정을 느끼는지 표현해보고, 상대가 무엇을 필요로 하는지도 확인해봅니다.

    가. A가 B에게 음악 수업에 대해 질문합니다. 예를 들어, 음악 수업에서 좋았던 것과 불편했던 것은 무엇인지 물어볼 수 있습니다. 대답을 적고 역할을 바꾸어 질문합니다.

    나. 첫 질문이 끝나면, 두 번째 질문에서는 감정에 대한 부분을 조금 더 자세히 물어봅니다. 음악 수업에서 생각처럼 되지 않아 느꼈던 부정적 감정에 대해 자세히 이야기합니다. (예: "선생님이 친구들 앞에서 피아노를 연주해보라고 했을 때, 전혀 할 수 없어서 긴장되고 부끄러웠어!")

    다. 각자의 목표와 원하는 바를 이야기해봅니다.

③ 통찰하기: 대화를 통해 알게 된 감정 및 새로운 정보들에 대해 깊이 생각해봅니다. 타인의 입장에서 봤을 때 알 수 있는 것들이 있나요?

④ 정의하기: 사용자가 느끼는 것을 충분히 이해했다고 생각되면, 어떤 관점에서 어떤 문제가 있는지를 정리해봅니다. 이렇게 정리하면 사용자가 겪는 문제와 감정을 분리할 수 있고, 사용자의 관점에서 문제를 보고 해결책을 만들 수 있습니다.

    가. 5분 동안 '~와 같은 문제를 해결하기 위해 사용자에게는 ~가 필요하다'와 같은 문장을 적어봅니다.

⑤ 상상하기: 위 과정을 통해 나온 아이디어를 모아봅니다.

    가. 10~15분간 다양한 아이디어를 꺼내봅니다. 많이 나올수록 좋습니다.

    나. 아이디어를 낼 때, 자기검열을 하지 않도록 합니다. '그건 안 돼'와 같은 말은 좋은 아이디어를 내지 못하게 합니다.

⑥ 프로토타입 만들기: 문제 해결을 위한 여러 가지 형태의 프로토타입을 만들어봅니다. 아이디어를 정리해서 기록해보고, 도표로도 그려보고, 시제품이 필요하다면 제작해보고, 웹사이트나 앱으로 구현할 수도 있습니다. 프로토타입을 만드는 목적은 피드백을 얻기 위함입니다. 이를 제작하여 피드백을 얻고, 지속적으로 수정해봅니다.

⑦ 테스트하기: 위 과정을 통해 만들고 수정한 결과물을 음악을 어려워하는 이들에게 적용해봅니다.

⑧ 새로운 해결책 만들기: 위 과정을 통해 새롭게 보완한 해결책을 만들어봅니다. 아이디어를 가능한 많이 구체화해봅니다. 해결책이 어떤 방식으로 적용될지, 어떤 방식으로 사용해야 하는지를 제시해봅니다.

과제 디자인 사고 과정을 연습하는 다른 프로젝트를 생각해봅니다. 잦은 출장 등의 이유로 학교 교사와 만날 수 없는 부모가 학교와 커뮤니케이션 할 수 있는 방법을 생각해보세요. 이 문제를 해결하기 위한 앱을 구상해봅니다.

학습주제 이 프로젝트는 디자인 사고의 과정을 연습하게 해줍니다. 디자인 사고는 실습을 통해 효과적으로 배울 수 있습니다. 각 단계에서 사용하는 방식을 연습하여 익힙니다.

• 디자인 사고 과정에서 가장 어려웠던 것은 무엇인가요?

• 디자인 사고 중 첫 단계인 '공감하기'에서 어떤 방식으로 더 공감을 이끌어 낼 수 있을까요?

커뮤니티 기반 사고

몇 명의 학생들이 지역의 동물 보호 기관과 함께 일을 하게 되었습니다. 학생들은 길 잃은 동물을 구조하는 과정에서, 경로가 최적화 되지 않아 차량 활용이 원활하지 않다는 것을 알게 되었습니다. 학생들은 이를 해결하기 위해 차량의 위치를 추적하고, 해당 차량 주변에 길 잃은 동물이 있는 경우 운전자에게 알려주어 한 번에 많은 동물을 구조할 수 있는 앱을 개발했습니다.

또 다른 학생들은 사용자들이 자신의 옷 사진을 업로드하여 매치해볼 수 있도록 가상 옷장 앱을 개발했습니다. 이 앱을 만든 이유는 학생들이 아침 등교 전 입어야 할 옷을 고민하는데 너무 많은 시간을 썼기 때문이었습니다. 이 앱은 MIT의 앱인벤터 대회 수상 후보작이 되기도 했습니다.

이 앱들을 봐도 알 수 있는 것처럼, 청소년들은 실용성을 가진 앱을 만들 수 있습니다. 이렇게 만들어진 앱의 영향력이 커지면, 개발자의 의도보다 더 많은 사람들에게도 유익을 줄 수 있게 됩니다. 이처럼 청소년들은 잠재적 사용자에 대한 공감을 키우고, 코딩을 통해 유용한 프로그램을 만들 수 있습니다.

 **결론**

모든 사람이 컴퓨터 프로그래밍을 배워야합니다.
프로그래밍은 생각하는 방법을 가르쳐주기 때문입니다.

– 스티브 잡스

코딩을 배우는 것은 단순히 IT 기업에 들어가기 위함이 아닙니다. 이 시대에서 코딩은 생활에서 필수적인 기술이 되어가고 있습니다.

논리적 사고

논리적 사고는 문제 해결에 꼭 필요합니다. 이른 나이에 발달시키는 것이 좋습니다. 이를 위해 4~5세 아이는 창의적이고 재미있는 방법으로 코딩을 배우면 도움이 됩니다. 코딩이 창의성을 표현하는 방법이 될 수 있기 때문입니다. 큐베토처럼 스토리텔링을 기반으로 캐릭터가 움직일 수 있도록 하는 방법으로 시작하면 좋습니다.

6세가 되면 조금 더 구체적인 방법인 로봇 코딩을 사용할 수 있습니다. 그러나 이 도구를 사용할 때도 직접 손으로 만지며 느낄 수 있도록 하는 것이 좋습니다. 코딩을 통해 컴퓨터와 상호작용하며 코딩하는 방법을 배우도록 하는 것을 권장합니다.

9세가 되면 간단한 모바일 앱이나 웹 사이트를 만들 수 있습니다. 모바일 앱이나 웹 사이트를 만들기 위해 자연스럽게 실생활의 문제 해결로 관심사를 옮기게 됩니다.

많은 이야기를 했지만, 결론은 코딩을 배운다는 것은 연령대에 상관없이, 창의성을 키우기 위해 프로그래밍 언어를 도구로 사용하는 방법을 배우는 것입니다. 이 과정에 문제 해결을 위한 논리적 사고도 함께 배우게 됩니다. 컴퓨터 사용 기술은 직업을 구하는 것은 물론, 다른 분야에서도 더욱 중요해지고 있으며, 전 세계가 사용하는 제2언어가 되어가고 있습니다. 전문 프로그래머가 되고자 하는 사람이 아닐지라도 모든 사람이 코딩 방법을 알아야합니다. 코딩을 통해 얻을 수 있는 기회가 더 많아질 것이 분명하기 때문입니다.

스스로 배우는 능력을 키우기

코딩은 평생 배우는 것입니다. 오래 전 배운 언어를 지금까지 사용하는 경우는 매우 드뭅니다. 새롭게 발전된 언어가 계속 등장하기 때문에, 새로운 것을 계속 배워야합니다. 이를 위해 스스로 배우는 능력이 필요합니다.

스스로 배우는 능력을 키우는 것은 코딩뿐만 아니라 삶에서도 중요합니다. 연령에 따라, 기타 상황에 따라 자기에게 맞는 방법을 찾고 적용하는 것이 중요합니다. 모든 나이에 적용되는 단 한 가지 공식같은 것은 없기 때문입니다. 누가 더 어려운 언어를 할 줄 아는지는 중요하지 않습니다. 꾸준히 배울 수 있는 방법을 찾아 스스로 익히도록 하는 것이 가장 중요합니다.

코딩의 오늘, 그리고 미래

코딩 교육을 위한 변화는 지금도 계속 일어나고 있습니다. 점점 더 쉽고 재미있게 배울 수 있는 언어와 도구들이 만들어지고 있습니다. 아이가 적합한 프로그래밍 언어를 선택하여 배울 수 있도록 관심을 가지고 지켜보시길 바랍니다. 아이가 코딩을 통해 멋진 여정을 할 수 있기를 바랍니다.

저자 연락처
www.firsttimecoders.com
mihelle@firstcodeacademy.com

부록

스마트폰 사용 시간 관리 도구

레스큐타임^{Rescue Time} **www.rescuetime.com**

레스큐타임은 웹 사이트와 앱을 모니터링하여 사용 시간을 보여줍니다. 각 앱과 사이트의 성격을 분류하여 어느 부분에 많은 시간을 투자했는지도 알려줍니다. 무료 회원도 주간 사용 시간을 설정하고 사용할 수 있습니다. 유료 회원이 되면 유해사이트 차단 등의 부가 기능을 사용할 수 있습니다.

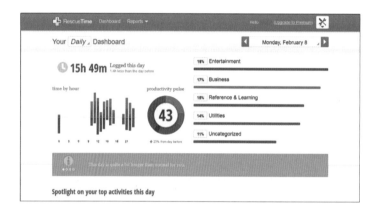

모멘트^{Moment} **inthemoment.io**

모멘트는 개인 및 가족 구성원의 스마트 기기 사용 시간을 보여줍니다. 이 앱은 얼마나 스마트폰을 오래 잡고 있었는지, 가장 자주 사용하는 프로그램은 무엇인지, 전체 사용 시간은 얼마나 되는지 등을 보여줍니다. 시간을 설정하면 해당 시간에는 스마트 기기를 사용하지 못하도록 할 수 있습니다. 개인은 무료이며, 가족용은 유료입니다.

언글루^{unGlue} **www.unglue.com**

언글루는 iOS 및 안드로이드 OS에서 사용할 수 있는 프로그램입니다. 언글루는 기기별 사용 시간을 설정할 수 있고, 앱 종류별 사용시간도 설정할 수 있습니다. 전체 사용 시간을 관리하는 경우, 아이는 그 시간을 어떻게 관리할지 스

스로 결정할 수 있습니다. 사용하지 않고 모아두었다가 한 번에 오랜 시간을 쓰거나, 집안 일을 하면 사용 시간을 더 받는 등의 방식도 가능합니다.

스마트 기기 사용 시간 약속하기

스마트 기기 중독을 방지하기 위해서는 전략적 접근이 필요합니다. 아동심리학자들은 아이가 기기를 사용하기 시작하면 상호 약속을 하는 것을 추천합니다. 그 약속에는 아래와 같은 항목이 포함됩니다.

- 사용할 수 있는(볼 수 있는) 콘텐츠/앱 유형
- 기기를 사용할 수 있는 횟수와 시간
- 기기를 사용하는 장소

중요한 것은 이 약속을 계약서로 작성하면서 아이가 자신의 행동에 책임을 지도록 하는 것입니다. 이 약속을 만들기 위해서는 다양한 것을 고려해야 합니다. 집에서 컴퓨터를 어디에 둘 것인지, 스마트폰이나 태블릿PC를 방에서 사용할 수 있게 할 것인지, 가족이 함께 식사를 할 때 스마트 기기를 가지고 오지 못하게 할 것인지를 결정해야 합니다.

부모가 먼저 규칙을 지켜 모범을 보여야 합니다. 함께 식사를 하며 스마트폰을 보는 부모가 아이에게 '너는 그러면 안 돼'라고 할 수 없습니다.

콘텐츠 모니터링 및 차단 도구

써클Circle

써클은 와이파이에 연결하여 같은 네트워크에 있는 스마트 기기를 관리하는 장치입니다. 기기와 사용자를 선택하면 사용 앱이나 기기 사용 시간 등을 구체적으로 설정할 수 있습니다. 유료입니다. (meetcircle.com)

넷내니 Net Nanny

넷내니는 iOS와 안드로이드 OS 등 여러 기기를 사용하는 가정을 위한 종합 모니터링 서비스입니다. 넷내니는 자체 브라우저를 사용하여 욕설, 부적절한 사이트, 이미지를 차단합니다. 관리자 페이지를 통해 적합하지 않은 콘텐츠를 사전에 차단할 수 있고, 경고 메시지를 출력하도록 할 수 있습니다. 유료입니다. (netnanny.com)

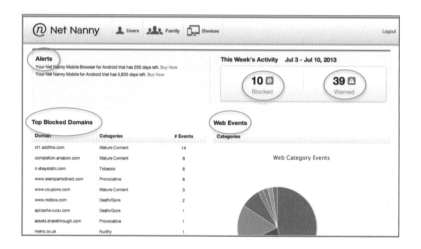

쿼스터디오 Qustodio

쿼스터디오도 위와 같은 방식의 서비스입니다. 세부적인 앱 사용을 관리할 수 있고, 다양한 기기를 지원하기 때문에 스마트 기기가 많은 가정에 적합합니다. 각 기기를 세부적으로 모니터링 할 수 있습니다. 유료 서비스입니다. (qustodio.com)

참고 / 추천 도서

코딩 교육에 관한 책

e.g.

< Mindstorms: Children, Computers, and Powerful Ideas> by Seymour Papert

프로그래밍 도구에 관한 책

e.g.

<Mindstorms: Children, Computers, and Powerful Ideas> by Seymour Papert

프로그래밍과 창의성에 관한 책

e.g.

<Mindstorms: Children, Computers, and Powerful Ideas> by Seymour Papert

감사의 말

먼저 교육을 통해 새로운 세상을 열어주시고, 어려울 때 지지해주신 부모님께 감사합니다. 제가 하는 일을 도와주고 지지해준 파트너 위엔과 제스와 레오에게도 고마움을 전합니다. 어린 저를 돌봐주시고 세상을 자신감있게 살아갈 수 있게 해주신 데이데이 이모에게도 감사합니다. 이모의 수프는 언제나 최고였어요.

책을 쓰는 동안, 그리고 회사를 세우는 과정에도 함께해 준 제니, 비비안, 싱에게도 감사합니다. 이 책을 쓸 수 있도록 도와주신 스크라이브Scribe 팀의 모든 분들, 특별히 출판 담당자인 엘리, 니키, 에린, 제이티에게 감사합니다. 이분들이 끈기있게 도와주지 않았다면 이 책은 나올 수 없었을 것입니다.

퍼스트 코드 아카데미 팀에도 감사합니다. 재능있는 사람들과 함께 하며 다음 세대를 위한 더 많은 크리에이터를 키워낼 수 있다는 것은 저에게 큰 영광입니다. 케본, 펑잉, 사미야, 켈빈, 바리안에게 특별한 인사를 전합니다.

퍼스트 코드 아카데미의 학부모님께도 감사합니다. 코딩 교육의 중요성을 알고 자녀를 맡겨주셔서 정말 기쁩니다. 우리 아카데미를 거친 학생들과 현재 함께 하고 있는 학생들에게도 감사를 드립니다. 학생 여러분들이 공부하는 것을 볼 때, 여러분들의 아이디어와 만들어내는 프로젝트를 볼 때마다 저도 새로운 아이디어를 얻습니다. 학생 여러분이 앞으로 어떤 것을 만들어낼 것인지 벌써부터 기대됩니다.

지금까지의 여정에 함께 해준 모든 분들, 특별히 애론 쉬, 그렉 성, 크리스티안 페르난데즈, 데이비드 필립스, 할 아벤슨, 데이비드 머드, 알란 호, 키트 로에게 감사합니다.

저자 소개

미셸 선은 4~18세 학생들을 위한 코딩 및 STEM 교육기관인 '퍼스트 코드 아카데미'의 설립자입니다. 그녀는 MIT의 컴퓨터 과학 인공지능 연구소CSAIL, Computer Science Artifi cial Intelligence Lab의 코딩 교육 방문 강사이자 공인 마스터 트레이너입니다. 미셸은 홍콩에서 태어나고 자랐으며, 시카고 대학교에서 공부했습니다. 그녀는 포브스와 BBC에서 '영향력 있는 여성'으로 선정되기도 했습니다.

그래서 코딩이 뭔가요?

First Time Coders

초판발행 : 2021년 7월 20일

지은이 미셸 선
옮긴이 타임북스 편집부
발행처 (주)타임교육
발행인 이길호
편집인 김경문
편 집 황윤하
디자인 앤미디어
제 작 김진식, 김진현, 이난영
재 무 강상원, 이남구, 김규리
마케팅 양지우, 유병준

출판등록 제2020-000187호
주 소 서울시 강남구 봉은사로 442 75th Avenue 빌딩 7층
전 화 02-590-9800
이메일 timebooks@t-ime.com

ISBN 979-11-91239-21-8
정 가 17,000원